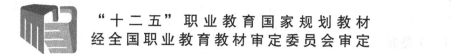

"十二五"职业教育国家规划教材

经全国职业教育教材审定委员会审定

CorelDRAW X6
图形设计立体化教程

白宝田 赵裕军 ◎ 主编

杜嘉茵 吴丽杰 余智容 ◎ 副主编

U0382364

人民邮电出版社

北 京

图书在版编目（CIP）数据

CorelDRAW X6图形设计立体化教程 / 白宝田，赵裕军主编. -- 北京 ：人民邮电出版社，2016.3（2022.6重印）
"十二五"职业教育国家规划教材
ISBN 978-7-115-40875-4

Ⅰ. ①C… Ⅱ. ①白… ②赵… Ⅲ. ①图形软件－中等专业学校－教材 Ⅳ. ①TP391.41

中国版本图书馆CIP数据核字（2015）第266717号

内 容 提 要

本书采用项目教学法介绍了使用CorelDRAW X6进行图形设计的相关基础知识。全书共10个项目，前9个项目对绘制与编辑图形，绘制与编辑曲线，编辑轮廓线和填充颜色，排列与组合图形，处理文本，添加特殊效果，编辑位图及打印输出图形等基础知识进行了讲解；最后一个项目安排了综合实训内容，进一步提高学生对该软件的应用能力。

本书每个项目分任务讲解，每个任务主要由任务目标、相关知识和任务实施3个部分组成，任务后安排了相关实训内容。每个项目最后还有常见疑难解析，并安排了相应的练习和实训。本书着重于对学生实际应用能力的培养，将职业场景引入课堂教学，让学生提前进入工作角色，从而达到学习的目的。

本书既可作为职业院校"计算机图形设计"课程的教材，又可以作为社会培训学校的用书，同时可供图形设计初学者参考学习。

◆ 主　　编　白宝田　赵裕军
　　副 主 编　杜嘉茵　吴丽杰　余智容
　　责任编辑　马小霞
　　责任印制　焦志炜

◆ 人民邮电出版社出版发行　　北京市丰台区成寿寺路11号
　　邮编　100164　电子邮件　315@ptpress.com.cn
　　网址　http://www.ptpress.com.cn
　　北京天宇星印刷厂印刷

◆ 开本：787×1092　1/16
　　印张：15　　　　　　　　2016年3月第1版
　　字数：361千字　　　　　2022年6月北京第10次印刷

定价：45.00 元（附光盘）

读者服务热线：(010)81055256　印装质量热线：(010)81055316
反盗版热线：(010)81055315

前 言 PREFACE

　　近年来随着职业教育课程改革的不断发展，计算机软硬件日新月异的升级，以及教学方式的不断进步，市场上很多教材的软件版本、硬件型号和教学结构等方面都已不再适合目前的教授和学习。教育信息化的发展，也推动了立体化教材的普及。

　　有鉴于此，我们认真总结了教材编写经验，用了3年的时间深入调研各地、各类职业教育学校的教材需求，组织了一批优秀的、具有丰富教学经验和实践经验的作者团队编写了本套教材，编写内容与结构力求达到"十二五"职业教育国家规划教材的要求，以帮助各类职业院校快速培养优秀的技能型人才。

　　本着"工学结合"的原则，我们在教学方法、教学内容和教学资源3个方面体现出了自己的特色。

教学方法

　　本书精心设计"情景导入→任务讲解→上机实训→常见疑难解析与拓展→课后练习"5段教学法，将职业场景引入课堂教学，激发学生的学习兴趣；然后在任务的驱动下，实现"做中学，做中教"的教学理念；最后有针对性地解答常见问题，并通过练习全方位帮助学生提升专业技能。

- 情景导入：以情景对话方式引入项目主题，介绍相关知识点在实际工作中的应用情况及其与前后知识点之间的联系，让学生明确这些知识点的必要性和重要性。
- 任务讲解：以实践为主，强调"应用"。每个任务先指出要做一个什么样的实例，制作的思路是怎样的，需要用到哪些知识点，然后讲解完成该实例必备的基础知识，最后按步骤详细讲解任务的实施过程。讲解过程中穿插有"操作提示""知识补充"和"职业素养"3个小栏目。
- 上机实训：结合任务讲解的内容和实际工作需要给出操作要求，提供适当的操作思路及步骤提示供参考，要求学生独立完成操作，充分训练学生的动手能力。
- 常见疑难解析与拓展：总结出学生在实际操作和学习中经常会遇到的问题并进行答疑解惑，通过拓展知识版块，学生可以深入、综合地了解一些应用知识。
- 课后练习：结合该项目内容给出难度适中的上机操作题，通过练习，学生可以强化巩固所学知识，温故而知新。

教学内容

　　本书的教学目标是帮助学生掌握CorelDRAW X6平面设计的相关知识，具体包括对象排列与变换、矢量图的绘制与编辑、颜色填充与矢量特效添加、文本编辑与处理，以及位图裁剪、颜色调整、特效添加与打印输出等知识。全书共10个项目，可分为如下几个方面的内容。

- **项目一**：主要讲解CorelDRAW X6的基础知识，包括CorelDRAW X6的工作界面、文件的基本操作、标尺、辅助线、视图调整等知识。
- **项目二**：主要讲解在CorelDRAW X6中对象的常见管理，如复制、旋转、位移、镜像、分布与对齐、排列与群组图形、锁定等知识。
- **项目三至项目六**：主要讲解矢量图的绘制工具、颜色填充、轮廓编辑、造型处理等知识。
- **项目七**：主要讲解文本的输入、字符属性设置、段落属性设置与图文混排技巧等知识。
- **项目八至项目九**：主要讲解矢量图调和、阴影、透明、封套、轮廓图立体化的处理，以及位图的编辑与文件的打印输出。
- **项目十**：以VI系统设计为例，进行综合实训。

教学资源

本书的教学资源包括以下两方面的内容。

（1）配套光盘

本书配套的光盘包含图书中实例涉及的素材与效果文件、各项目实训、习题的操作演示动画以及模拟试题库三个方面的内容。模拟试题库中含有丰富的图形设计的相关试题，题型包括填空题、单项选择题、多项选择题、判断题和操作题等，读者可自由组合出不同的试卷进行测试。另外，还提供了两套完整模拟试题，以便读者测试和练习。

（2）教学资源包

本书配有精心制作的教学资源包，包括PPT教案和教学教案（备课教案、Word文档），以便老师顺利开展教学工作。

（2）教学扩展包

教学扩展包中包括方便教学的拓展资源以及每年定期更新的拓展案例两个方面的内容。其中拓展资源包含矢量图形设计案例素材等。

特别提醒：上述第（2）、第（3）教学资源可访问人民邮电出版社教学服务与资源网（http://www.ptpedu.com.cn）搜索下载，或者发电子邮件至dxbook@qq.com索取。

本书由白宝田、赵裕军任主编，杜嘉茵、吴丽杰、余智容任副主编。虽然编者在编写本书的过程中倾注了大量心血，但恐百密之中仍有疏漏，恳请广大读者不吝赐教。

编者

2015年10月

目 录 CONTENTS

项目四 绘制与编辑图形 83

项目五 编辑图形轮廓与颜色 101

项目六 图形造型与边缘修饰 126

项目七 文本输入与处理 145

项目八　特殊效果应用　　165

项目九　位图处理与文件输出　　193

PART 1

项目一
初识CorelDRAW X6

情景导入

阿秀：小白，会用CorelDRAW X6进行设计吗？

小白：不会呀，CorelDRAW X6是干什么用的呢？

阿秀：那你可就需要学习啦！CorelDRAW X6是目前应用最广泛的矢量图形设计软件之一。可进行图形绘制、文本编辑和图形效果制作，被广泛应用于广告设计、印刷、企业形象设计、工业造型设计和建筑装潢设计等众多领域。

小白：这么强大呀！那你可得好好教教我哦。

学习目标

● 掌握CorelDRAW X6工作界面设置与文件管理的方法
● 掌握页面设置、标尺、辅助线、网格的应用方法

技能目标

● 掌握使用模板文件制作工艺品名片的方法
● 掌握工艺品名片图片素材的导入方法
● 掌握利用辅助工具制作企业名片的方法

任务一 制作"工艺品"名片

名片在日常生活中多用于宣传自己、宣传企业或记载联系方式，在设计名片过程中可下载一些优秀的名片模板快速达到设计需求，简化名片设计过程。

一、任务目标

本任务将使用本地的模板来制作名片，在制作时先创建模板文件，然后再根据需要修改模板的背景、标志和文本等内容，最后将制作的名片进行保存并导出为图片，关闭文件完成制作。通过本任务可掌握CorelDRAW X6软件的基本操作，包括启动与退出CorelDRAW X6、新建、保存、导入、关闭文件等相关操作，本任务制作完成后的效果如图1-1所示。

图1-1 "工艺品"名片效果

二、相关知识

由于是初次使用CorelDRAW X6，因此在制作本任务前，需要对CorelDRAW X6的工作界面、应用领域、图形设计相关概念等知识进行了解，下面进行简单介绍。

（一）认识CorelDRAW X6的工作界面

进入CorelDRAW X6的工作界面之前，需要启动CorelDRAW X6，选择【开始】/【所有程序】/【CorelDRAW Graphics Suite X6】/【CorelDRAW X6】菜单命令，或双击桌面上的CorelDRAW X6快捷图标，启动CorelDRAW X6，打开的欢迎界面如图1-2所示。

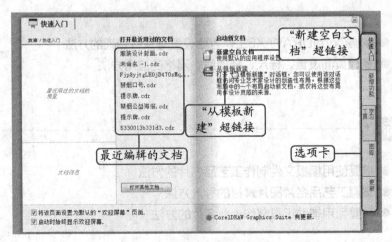

图1-2 欢迎界面

各板块含义如下。

- **"新建空白文档"超链接** ：单击该超链接，将以当前软件默认的模板来新建一个图形文件。
- **"从模板新建"超链接**：单击该超链接，在打开的"根据模板新建"对话框中选择一个模板样式，以方便用户在该模板基础上进行设计。
- **"最近编辑的文档"**：初次使用CorelDRAW X6时该区域是空白的，当编辑过文件后下次启动时将显示曾经打开过的文件名，单击文件名的超链接后，在左侧的两个区域内将显示出该文档的缩略图和文档信息，再次单击便可快速打开编辑过的文件。
- **打开其他文档...** **按钮**：单击该按钮将打开"打开绘图"对话框，通过该对话框可以打开计算机中已有的CorelDRAW 图形文件。

知识补充　　在打开CorelDRAW 图形文件时，可使用高版本的软件打开低版本软件制作的CorelDRAW 文件，如CorelDRAW X6可以打开CorelDRAW X5制作的文件，但不能打开CorelDRAW X7制作的文件。

- **选项卡**：CorelDRAW X6中的欢迎界面以书籍翻开的形式显示，其中最右侧以书签的方式显示了"快速入门""新增功能""学习工具""图库""更新"选项卡，单击不同的选项卡，其中出现的内容也不相同。

新建或打开文件后，将进入CorelDRAW X6的工作界面，如图1-3所示。

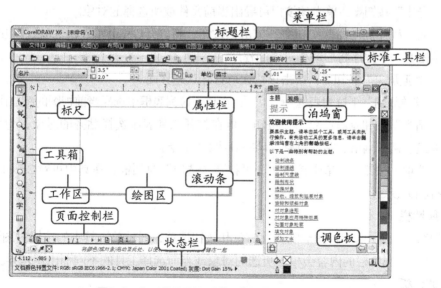

图1-3　CorelDRAW X6的工作界面

下面分别进行介绍CorelDRAW X6工作界面各组成部分。

1. 标题栏与菜单栏

标题栏用于显示CorelDRAW程序的名称和当前打开文件的名称以及所在路径。菜单栏包含了CorelDRAW X6的所有操作命令，单击某一菜单项将打开其下拉列表，下拉列表中部分命令按钮与工作界面中标准工具栏中相同图标按钮具有的功能相同。

2. 标准工具栏

标准工具栏位于菜单栏的下方，提供了用户经常使用的一些命令按钮，只需单击该按钮即可执行相应的操作，从而让操作更加方便快捷。如图1-4所示，其中相关按钮的介绍如下。

图1-4 标准工具栏

- "新建"按钮：单击该按钮即可创建一个新文件。
- "打开"按钮：单击该按钮可打开一个已经存在的文件。
- "保存"按钮：单击该按钮可保存当前编辑的文件。
- "打印"按钮：单击该按钮可打印当前文件。
- "剪切"按钮：单击该按钮可将所选内容剪切到剪贴板中。
- "复制"按钮：单击该按钮可将所选内容复制到剪贴板中。
- "粘贴"按钮：单击该按钮可将剪贴板中的内容粘贴到当前文件中。
- "撤销"按钮：单击该按钮可撤上一步的操作。
- "重做"按钮：单击该按钮可恢复上一步撤销的操作。
- "搜索内容"按钮：单击该按钮可使用Corel CONNECT泊坞窗搜索剪贴画、照片和字体。
- "导入"按钮：单击该按钮可导入图像等外部文件。
- "导出"按钮：单击该按钮可导出当前文件或所选择的对象。
- "应用程序启动器"按钮：单击该按钮，将打开CorelDRAW X6软件包的程序，单击某一个程序将启动相对应的程序。
- "欢迎屏幕"按钮：单击该按钮可打开欢迎界面。
- "缩放级别"下拉列表框：在该下拉列表框中选择当前视图的缩放比例。
- "贴齐"按钮：单击该按钮，可在打开的列表中选择贴齐的对象，包括贴齐辅助线、贴齐网格、贴齐对象、动态导线4个命令。
- "选项"按钮：单击该按钮，可打开"选项"对话框，在其中可对CorelDRAW进行相关设置。

3. 属性栏

属性栏用于显示所编辑图形的属性信息和按钮选项，通过单击其中的按钮对图形进行修改编辑。另外，属性栏的内容会根据所选的对象或当前选择工具的不同而出现差异。

4. 调色板

调色板在默认状态下位于工作界面的右侧，用于对选择图形对象的内部或轮廓进行颜色填充。在调色板中可以进行以下操作。

- 在调色板中的任一种颜色块上按住鼠标左键不放，稍后将会打开一个由该颜色延伸的其他颜色选择框，如图1-5所示。
- 选择图形对象，用鼠标左键单击调色板中所需的颜色块可为图形内部填充相应的颜色，如图1-6所示。

● 选择图形对象，用鼠标右键单击调色板中所需的颜色块可填充图形的轮廓颜色，如图1-7所示。

● 选择图形对象，用鼠标左键单击调色板顶端的☒按钮，可取消图形对象内部的填充，用鼠标右键单击☒按钮则取消图形对象轮廓的颜色。

● 单击调色板下方的▾按钮，可以将调色板向下滚动，从而显示出其他更多的颜色块；单击调色板下方的◀按钮，则可以显示出调色板中的所有颜色块。

图1-5 调色板　　　　图1-6 填充图形　　　　图1-7 图形轮廓

5. 工具箱

工具箱位于工作界面的最左侧，用于放置CorelDRAW X6中的各种绘图或编辑工具，其中，每一个按钮表示一种工具，将鼠标光标移动到工具按钮上，将会显示该工具的名称。由于工具较多，CorelDRAW X6将相近功能的工具放置到一个工具组中，工具组按钮右下角有"▸"符号，单击该符号或按住该按钮不放，即可展开工具组并显示子工具与其工具名称，如图1-8所示为工具箱的工具以及手绘工具 ✎ 展开的子工具。

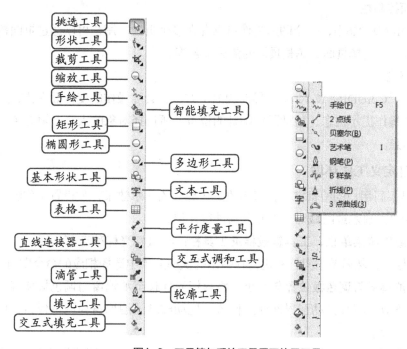

图1-8 工具箱与手绘工具展开的子工具

6．工作区和绘图区

工作区窗口中间的区域，用于绘制与编辑图形。绘图区是指CorelDRAW X6的工作界面中带有阴影的矩形区域，用户可以根据需要在属性栏中设置绘图页面的大小和方向。只有在绘图区内的图形才能被打印出来，而工作区内的图形不能被打印。工作区的图形不受页面的限制，主要用于放置需要在绘图区中参考或调用的对象，以方便查看绘图区的效果。

7．泊坞窗

泊坞窗位于调色板左侧，它将常用的符号、功能和管理器以交互式对话框的形式提供给用户。单击泊坞窗左上角的"折叠泊坞窗"按钮 ≫ 可以将泊坞窗折叠，再单击"展开泊坞窗"按钮 ≪ 可将其展开，单击右上角的"向上滚动泊坞窗"按钮 ▢ 可最小化泊坞窗，单击"关闭泊坞窗组"按钮 ▣ 可以关闭所有泊坞窗。

选择【窗口】/【泊坞窗】菜单命令下的子菜单命令，可打开任意一种泊坞窗。当打开多个泊坞窗后，除了当前泊坞窗外，其他泊坞窗将以标签的形式显示在泊坞窗右边缘，单击相应的选项卡可切换到其他的泊坞窗。

8．标尺

标尺是精确制作图形的一个非常重要的辅助工具，它由水平标尺和垂直标尺组成。在标尺上按住鼠标左键不放，向绘图页面拖动即可拖出一条辅助线。

9．滚动条

滚动条用于滚动显示绘图区域，分为水平滚动条和垂直滚动条。当放大显示绘图页面后，有时页面将无法显示所有的对象，通过拖动滚动条可以显示被隐藏的图形部分。

10．页面控制栏

在CorelDRAW X6中，一个图形文件可以存在多个页面。用户可以通过页面控制栏新建页面、删除页面、选择页面、调整页面的前后位置等。

11．状态栏

状态栏位于CorelDRAW X6工作界面的最下方，它会随操作的变化而变化，主要用于显示当前操作或操作提示信息，包括鼠标指针的位置、所选择对象的大小、填充色、轮廓色、显示提示等信息。

（二）自定义工作环境

为了满足不同用户的编辑需要，可更改工作界面的显示效果，如设置工作区、调整工具栏的位置、大小、显示或隐藏等，下面分别进行介绍。

- **显示或隐藏菜单栏、工具箱或标准工具栏**：将鼠标光标移至菜单栏、工具箱或标准工具栏上，然后单击鼠标右键，在弹出的快捷菜单中选择相应的命令即可。

- **调整泊坞窗与调色板位置与大小**：将鼠标光标移至泊坞窗与调色板顶端，按住鼠标左键不放可将其拖动至界面任意位置。拖动成悬浮泊坞窗与调色板后，可拖动四角调整其大小。

- **自定义工作区**：选择【工具】/【自定义】菜单命令，打开或按【Ctrl+J】组合键打开"选项"对话框，在对话框左侧列表框中展开【工作区】/【自定义】选项，通过选择所需设置的选项，可以在对话框右侧设置该选项相应的参数。如选择命令栏的"工具箱"选项，可在右侧的面板中设置工具箱的按钮大小、边框值、按钮外观、是否显示工具提示、是否锁定工具栏等，如图1-9所示。

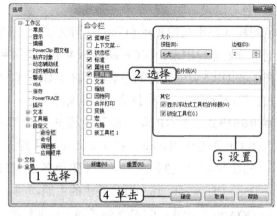

图1-9　自定义工作区

（三）认识平面设计概念

认识相关平面设计概念，有助于学习与使用CorelDRAW进行平面设计，包括矢量图与位图、分辨率、色彩模式、文件格式等，下面便分别进行介绍。

1. 矢量图与位图

在平面图像中，图像大致可以分为矢量图和位图两种。两者的含义分别介绍如下。

● **矢量图**：又称为向量图，由CorelDRAW和Illustrator等矢量绘图软件制作，表现为点、线、面或组合而成，其组合的元素具有独立的形状和颜色，且无法通过扫描或数码相机拍照获得，常用于标志、名片、花纹等设计。其特点是占用空间小、缩放后具有平滑的边缘，且不会失真，如图1-10所示即为一张矢量图和对局部进行放大后的效果。

● **位图**：位图又称点阵图，可通过扫描和数码相机获得，也可通过如Photoshop等图像处理软件生成，表现为多个像素点的集合，每个像素点都能记录一种色彩信息。其优点是能表现出色彩绚丽的图像效果，缺点是放大后会产生失真现象，如图1-11所示为一张位图和将其局部放大后的效果。

图1-10　矢量图放大前后的对比效果　　　　图1-11　位图放大前后的对比效果

2. 分辨率

分辨率是指图像单位长度上像素的多少，分辨率可指图像或文件中的细节和信息量，也可指输入、输出或显示设备能够产生的清晰度等级，分辨率的度量单位为像素/英寸，同时也是一幅图像工作的度量单位。位图的色彩越丰富，图像的像素就越多，分辨率也就越高，文件也就越大，因此在处理位图时，分辨率的大小会影响最终输出文件的质量和大小。

要使印刷出的成品中图像较为清晰（指一般A4大小），分辨率一般设置为300dpi即可（但分辨率会视成品尺寸的不同而不同）。

3. 色彩模式

色彩模式是用数据表示色彩的一种方式，正确的色彩模式可以使图形图像在屏幕或印刷品上正确地显现出来，在CorelDRAW中设置调色板和进行颜色填充时都将涉及到它的使用。在CorelDRAW中支持的色彩模式有RGB、CMY、CMYK、HSB、Lab、灰度模式、索引模式、黑白模式等，其具体介绍分别如下。

- **RGB模式**：RGB属于真彩色模式，计算机显示器上产生的颜色即是RGB色。RGB分别代表Red（红）、Green（绿）、Blue（蓝）3种颜色。用户可按不同的比例混合这3种色光，3种颜色各自有256个亮度水平级，3种颜色相叠加，有256×256×256=1670万种颜色的可能。

- **CMYK与CMY模式**：CMYK模式属于目前标准的印刷模式，CMYK分别由Cyan（青）、Magenta（品红）、Yellow（黄）、Black（黑）4种颜色叠加而成。属于减色叠加模式，通过反射某些颜色的光并吸取另外一些颜色的光来产生不同的颜色。在默认设置下，CorelDRAW的填充方式为CMYK模式。

- **HSB模式**：HSB模式是根据颜色的色相（H）、饱和度（S）、亮度（B）来定义颜色的。其中，色相是物体的本身颜色，是指从物体反射进入人眼的波长光度，不同波长的光，显示为不同的颜色；饱和度又叫纯度，指颜色的鲜艳程度；亮度是指颜色的明暗程度。

- **索引模式**：也称映射色彩。该模式最多只有256种颜色，一般只可当做特殊效果及专用。

- **Lab模式**：Lab模式是一种国际色彩标准模式，该模式将图像的亮度与色彩分开，由3个通道组成，L通道是透明度，其他两个通道是色彩通道，即色相（a）和饱和度（b）。在Lab模式下，L通道的范围为0~100%；a通道为从绿到灰，再到红色；b通道为从蓝到灰，再到黄的色彩范围。

- **灰度模式**：灰度模式可表现丰富的色调，形成最多256级的灰阶。灰度模式没有色彩，将一个彩色文件转换为灰度模式后，所有的色彩信息将从文件中消失。

- **黑色模式**：该模式反应明暗值，表示怀旧的气息，广泛用于数码相机，只有黑白两种色值。只有灰度模式和带有通道的图像才能转换为黑白模式。

知识补充　在CorelDRAW X6中，选择【位图】→【模式】菜单命令，在打开的子菜单中可将选择的图像转换为其他颜色模式。

4. 文件格式

不同软件制作的文件有不同的文件格式，通常可以通过其扩展名来进行区别，如扩展名为.cdr的文件表示CorelDRAW格式文件。在CorelDRAW中保存或导出文件时，可以生成多种不同格式的文件，主要包括以下几种。

- **CDR格式**：CDR文件格式是标准的CorelDRAW文件格式，CDR文件可以存储对象的形状、颜色、大小等信息，是常见的矢量图像文件格式之一。

- **AI格式**：AI文件格式是Illustrator软件的标准文件格式。该文件格式与CDR文件格式类似，是矢量图像文件格式之一，可以在CorelDRAW中导入并编辑。
- **WMF格式**：WMF格式同时支持矢量图像和位图图像，是较常用的图元文件格式，其缺点是WMF最大只支持16位，而CDR支持32位。因此在CorelDRAW中，当存储为WMF格式后，对象的细节会有丢失的现象。
- **TIFF（TIF）格式**：TIFF格式即标志图像文件格式（Tagged ImageFile Format），是在Macintosh机上开发的一种图形文件格式，该格式支持RGB、CMYK、Lab等绝大多数色彩模式，并支持Alpha通道。
- **PG（JPEG）格式**：JPEG通常简称JPG，是目前最流行的24位图像文件格式。该格式实标上是以BMP格式为基准，在图像失真较小的情况下，对图像进行较大的压缩，在压缩过程中丢失的信息并不会严重影响图像质量，但会丢失部分肉眼不易察觉的数据，所以不宜使用此格式进行印刷。
- **GIF格式**：GIF图像文件格式可进行LZW压缩，使图像文件占用较少的磁盘空间。该格式可以支持RGB格式、灰度、索引色等色彩模式。
- **BMP格式**：BMP格式是一种标准的点阵式图像文件格式，它支持RGB、索引色、灰度、位图色彩模式，但不支持Alpha通道。
- **PSD格式**：PSD格式主要由Photoshop图像软件生成，最大的特点是支持层和通道的操作，并且支持背景透明，即Alpha通道，可存储为RGB模式或CMYK等模式。
- **CMX格式**：CMX格式也是属于CorelDRAW文件格式，是一种图元文件格式，它支持位图和矢量信息以及PANTONE、RGB和CMYK全色范围。
- **EPS格式**：EPS格式是目前桌面印刷系统普遍使用的通用交换格式当中的一种综合格式，针对目前的印刷行业来说，使用这种格式生成的文件，不会轻易出现什么问题，且大部分专业软件都会处理它。

知识补充　在CorelDRAW中，可以直接打开或存储的文件格式有CDR、AI、WMF和CMX等，其他部分文件格式可以通过导入或导出的方式完成，从而实现资源的交换和共享。

三、任务实施

（一）启动软件新建模板文件

新建模板文件是指创建已有页面设置、文本、图片等信息的文件，再通过更改模板文件中的图片、文本等快速新建需要的文件。下面将新建名片的模板文件，其具体操作如下。
（🎬微课：光盘\微课视频\项目一\启动软件新建模板文件.swf）

STEP 1　选择【开始】/【所有程序】/【CorelDRAW Graphics Suite X6】/【CorelDRAW X6】菜单命令，启动CorelDRAW X6，如图1-12所示。

STEP 2 在打开的欢迎界面中单击"从模板新建"超链接，或选择【文件】/【从模板新建】菜单命令，如图1-13所示。

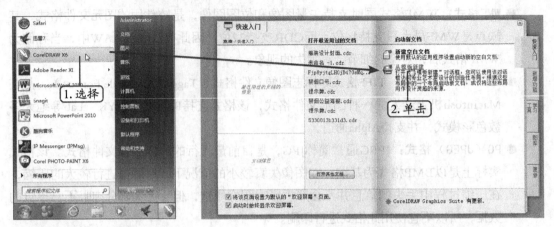

图1-12 启动 CorelDRAW X6   图1-13 选择新建文件类型

操作提示　　　在欢迎界面中单击"新建空白文档"超链接，或选择【文件】→【新建】菜单命令，或单击标准工具栏上"新建"按钮可新建空白文档。

STEP 3 打开"从模板新建"对话框，在"模板"下拉列表框中选择"本地"选项，在左侧的"查看方式"下拉列表框中选择"类型"选项，在下方的列表框中选择"名片"选项，单击 打开(O) 按钮，如图1-14所示。

STEP 4 在打开的工作界面中查看新建的模板文件效果，如图1-15所示。

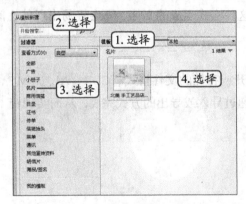

图1-14 打开"从模板新建"对话框   图1-15 名片模板文件效果

（二）导入素材图形并修改模板

创建模板文件后，可通过导入标志、背景、设置文本格式等方式来修改模板为需要的文件，其具体操作如下。（微课：光盘\微课视频\项目一\导入素材图形并修改模板.swf）

STEP 1 在工具箱单击选择工具，单击选择背景与花纹图形，按【Delete】键删除，选择【文件】/【导入】菜单命令或按【Ctrl+I】组合键，打开"导入"对话框。

STEP 2 先选择导入文件的路径，再选择导入的"名片底纹.jpg"文件（素材参见：光盘\素材文件\项目一\任务一\名片底纹.cdr），单击 导入▼ 按钮导入文件，如图1-16所示。

STEP 3 在页面的黑色虚线框左上角按住鼠标左键不放拖动至黑色虚线框右下角，出现红色的虚线框，如图1-17所示。

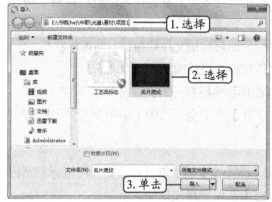

图1-16 导入背景

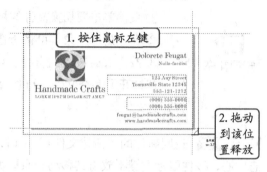

图1-17 绘制导入图像区域

操作提示　　　选择导入的图片，返回工作界面后，直接单击鼠标，导入的图片将以单击点为中心，原始尺寸大小导入工作界面中。若在"导入"对话框中按住【Ctrl】键不放并单击需要导入的多个文件，再单击 导入▼ 按钮，可在绘图区中依次单击或拖动选框导入选择的所有的图片。

STEP 4 释放鼠标在虚线框内导入背景底纹，效果如图1-18所示。

STEP 5 在底纹图片上单击鼠标右键，在弹出的快捷菜单中选择【顺序】/【到页面后面】命令，将其置于底层，效果如图1-19所示。

图1-18 导入背景底纹效果

图1-19 将背景置于底层效果

STEP 6 在工具箱单击选择工具，依次选择标志图形，按【Delete】键删除，选择【文件】/【打开】菜单命令或按【Ctrl+O】组合键，打开"打开绘图"对话框。

STEP 7 先选择打开文件的路径，再选择需要打开的"名片标志.cdr"文件（素材参见：光盘\素材文件\项目一\任务一\工艺品标志.cdr），单击 打开(O) 按钮导入文件，效果如图1-20所示。

STEP 8 选择标志图形，按【Ctrl+C】组合键进行复制，选择【文件】/【关闭】菜单命令，或按【Ctrl+F4】组合键，或单击菜单栏中的 × 按钮即可关闭当前的"工艺品标志.cdr"文件图形文件。

知识补充

如果需要同时编辑多个文件，则需要在多个文件窗口之间进行切换，切换文件的方法主要有以下几种。

① 直接单击要切换文件的标题栏，即可将该文件切换到当前编辑状态。

② 在"窗口"菜单可将所选文件切换为当前编辑状态。

③ 按【Ctrl+F6】组合键，可以循环切换所打开的文件窗口。

若打开了多个文件，可选择【文件】→【全部关闭】菜单命令关闭所有打开的文件。

STEP 9 返回新建的"新建文件1"窗口，按【Ctrl+V】组合键进行粘贴，将鼠标移至标志中心，按住鼠标左键不放将其移动到原模板标志所在位置释放鼠标。

操作提示

若导入或粘贴的图形图像的大小不符合实际需要，可先选择图形图像，按住【Shift】键不放拖动四角上的控制点，将其等比例缩放。

STEP 10 在工具箱单击选择工具 ，依次单击选择文本，单击调色板中对应的颜色块，更改原有文本的颜色为白色或浅黄色，效果如图1-21所示。

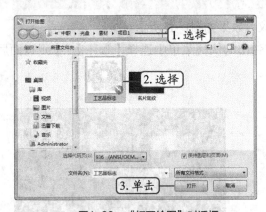

图1-20 "打开绘图"对话框

图1-21 修改文本效果

（三）保存、导出与关闭文件

经过上面的操作后，名片的效果已经制作完成，下面便对文件进行保存、导出和关闭，其具体操作如下。（ 微课：光盘\微课视频\项目一\保存、导出与关闭文件.swf）

STEP 1 选择【文件】/【保存】菜单命令或按【Ctrl+S】组合键，或直接单击标准工具栏中的"保存"按钮 ，打开"保存绘图"对话框。

只有首次进行保存时会打开"保存绘图"对话框，再次保存可将新绘制的图形或修改后的效果直接进行保存。此外还有以下几种保存方式。

知识补充

① 选择【文件】→【另存为】菜单命令，或按【Ctrl+Shift+S】组合键，打开"保存绘图"对话框，根据保存图形文件的方法将保存为新的文件名或新的保存路径。

② 如需要只保存图形文件中选定的图形，可选择图形对象后，在打开的"保存绘图"对话框中单击选中"只是选定的"复选框即可。

③ 在"保存绘图"对话框的"版本"下拉列表框中选择保存版本时，可尽量选择低版本，如选择"14.0版"选项，该文件就可以在CorelDRAW 14.0及以上任意的版本中打开。

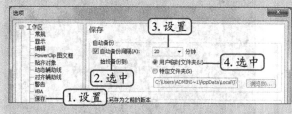

图1-22　自动备份保存文件

④ 按【Ctrl+J】组合键打开"选项"对话框，在对话框左侧列表框中展开【工作区】→【保存】选项，在右侧可设置自动备份保存的时间间隔与备份文件的保存位置，如图1-22所示。

STEP 2　在"保存绘图"下拉列表框选择要保存的磁盘，再双击打开要保存的文件夹，然后在"文件名"文本框中输入文件的名称"手工艺品名片"，在"保存类型"下拉列表框中选择CDR格式，如图1-23所示。单击 保存 按钮将文件保存为"手工艺品名片.cdr"。

STEP 3　选择【文件】/【导出】菜单命令或按【Ctrl+E】组合键，打开"导出"对话框。

STEP 4　在"保存在"下拉列表框中选择文件导出的路径，在"文件名"文本框中输入文件名"手工艺品名片"，然后在"保存类型"下拉列表框中选择JPG文件格式，如图1-24所示。

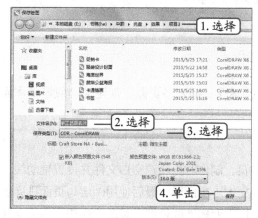

图1-23　打开"保存绘图"对话框

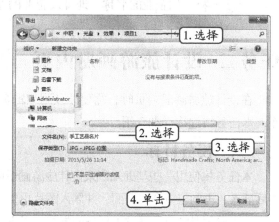

图1-24　设置导出路径、名称与格式

知识补充 　若只需要导出页面中的某些对象，可先将这些对象选中，再打开"导出"对话框，在下方出现"只是选定的"复选框，选中该复选框，再进行导出操作，将只导出选择的对象。

STEP 5 单击 ▢保存 按钮打开"导出到JPG"对话框，根据需要在右侧设置"分辨率"、"颜色模式"与"平滑度"等参数，这里保持默认设置，单击 ▢确定 按钮完成导出，如图1-25所示。

STEP 6 导出后双击"手工艺品名片.jpg"文件便可查看图片内容，效果如图1-26所示。

图1-25　插入嵌套表格　　　　　　　　　　　图1-26　设置表格参数

STEP 7 选择【文件】/【退出】菜单命令，或按【Alt+F4】组合键或单击标题栏中的 ▢✕ 按钮可退出CorelDRAW X6。

 职业素养 　名片可分为自我宣传、企业宣传和联系卡三种类型，不同类型的名片其具体的信息也有所不同，如自我宣传名片要求表明姓名、职业、工作单位、联络方式，而企业宣传名片除标注清楚个人信息资料外，还要标注明企业资料，如企业的名称、地址及企业的业务领域等。

任务二　设计旅游画册内页

在设计旅游画册内页时，需要涉及到编辑页面属性、插入多页面、创建辅助线等基本操作，本任务将进行详细介绍。

一、任务目标

本任务将使用一些基础知识来设计旅游画册内页，制作时先新建空白文件并设置辅助线，然后插入、再制与重命名页面，并导入图片再复制文本丰富画册，最后使用图层与页面排序器管理与查看画册内页。通过本任务的学习，可以掌握页面属性的设置、辅助线应用、多页文件的页面插入编辑操作。本任务制作完成后的最终效果如图1-27所示。

图1-27　画册内页效果

二、相关知识

本任务主要涉及到设计画册内页的页面，下面简单介绍设置页面中相关的页面属性、标尺、网格、视图控制等知识。

（一）设置页面属性

下面讲解如何在CorelDRAW X6中设置页面属性，主要包括设置页面的大小和方向、设置版面样式、设置页面背景和设置标签等。

1. 设置页面大小和方向

根据所需图形的实际尺寸来设置页面大小和方向，主要是通过属性栏来进行设置。启动CorelDRAW X6并新建一个图形文件后，默认状态下的属性栏如图1-28所示。

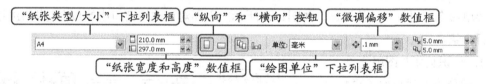

图1-28　默认状态的属性栏

● **"纸张类型/大小"下拉列表框**：从其下拉列表中可以选择各种预设的选项来设置纸张类型/大小。

● **"纸张宽度和高度"数值框**：在数值框中可以设置页面的高度和宽度。

● **"纵向"按钮▢和"横向"按钮▭**：单击这两个按钮可设置纵向或横向的页面。

● **"绘图单位"下拉列表框**：从其下拉列表中可选择不同的度量单位。

● **"微调偏移"数值框**：可设置微调的数值，主要用于使用键盘调整时的微调距离。

操作提示　　选择【版面】→【页面设置】菜单命令，打开"选项"对话框，在"页面"选项中的"大小"选项下同样可对页面的大小进行设置

2. 设置版面样式和背景

CorelDRAW X6提供了许多预设的版面样式，可用于书籍、折卡和小册子等标准出版物的版面，在设置版面样式时还可以设置对开页，同时CorelDRAW X6还提供了添加背景的功能，这些操作都可在打开的"选项"对话框中完成。

● **设置版面样式**：在"选项"对话框展开【文档】/【布局】选项，在右侧的"版面"下拉列表框中选择所需的版面样式，其中提供了全页面、活页、屏风卡、帐篷卡、侧折卡、顶折卡等版面样式。

● **设置页面背景**：在"选项"对话框中选择左侧列表框中的"背景"选项，在右侧"背景"栏中单击选中"纯色"单选项，可以选择一种颜色作为纯色背景；单击选中"位图"单选项，单击旁边的 浏览(W) 按钮，将打开"导入"对话框，从中选择一个位图文件后单击 导入 按钮，可以设置图案背景。

（二）插入并设置页码

在编辑如宣传册的多页文档时，为了快速找到需要的页面，并且方便打印后进行装订，需要插入页码。插入页码后，还可对起始页、起始编号和样式等设置，下面分别进行介绍。

● **插入页码**：选择【布局】/【插入页码】菜单命令，在打开的子菜单中选择需要插入页码的位置即可。

● **设置页码**：选择【布局】/【设置页码】菜单命令，打开"设置页码"对话框，设置起始页、起始编号和样式后单击 确定 按钮，如图1-29所示。

图1-29 设置页码

（三）管理页面的图层

管理页面主要通过"对象管理器"泊坞窗进行，选择【窗口】/【泊坞窗】/【对象管理器】菜单命令即可打开该泊坞窗，如图1-30所示。下面对该泊坞窗口中的页面与图层相关知识进行介绍。

1. 认识页面与图层分类

页面分为普通页面（页1、页2等）或主页面。在普通页面中添加的对象仅存在当页，而在主页中添加的对象将应用于所有页。页面由图层组成，图层是指含有对象的透明胶片，多个图层可组合成复杂的效果，选择图层后，操作该图层将不影响其他图层的对象，图层有以下几种。

● **图层1**：默认创建的对象都将添加到图层1。

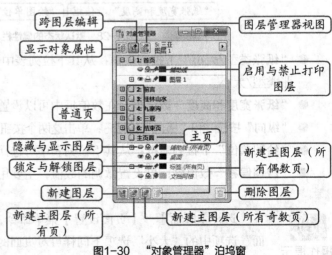

图1-30 "对象管理器"泊坞窗

- **辅助线图层**：包含所有页面中所有辅助线。
- **桌面图层**：包含所有页面外的所有对象。
- **网格图层**：包含所有页面中所有网格。

2. 操作图层

在使用图层过程中，需要对图层进行操作，下面介绍一些主要的图层操作。

- **新建图层**：单击"新建图层"按钮可在所选页面中新建图层，单击"新建主图层（所有页）"按钮可新建应用于所有页的图层；单击"新建主图层（所有奇数页）"按钮将新建应用于所有奇数页的图层；单击"新建主图层（所有偶数页）"按钮，可新建应用于所有偶数页的图层。

- **删除图层**：选择图层单击"删除图层"按钮可删除选择的图层。

- **复制与移动图层**：直接拖动图层到展开的其他页面中可移动图层，选择图层后按【Ctrl+C】组合键可复制图层，在其他位置选择页面或图层，【Ctrl+V】组合键可将复制的图层粘贴到选择的图层后面。

- **显示与隐藏图层**：单击 ◉ 按钮可将选择的显示的图层隐藏，隐藏后单击 ◉ 按钮可将选择的隐藏的图层显示出来。

- **锁定与解锁图层**：单击 ✎ 按钮可锁定选择的图层，单击 ✎ 按钮可将锁定的图层解锁。

- **启用与禁止打印图层**：单击 ◐ 按钮将选择的图层打印出来，单击 ◻ 按钮可将禁止打印的图层打印出来。

- **跨图层编辑**：单击"跨图层编辑"按钮，可在选择任意页面或图层的情况下编辑所有页面或图层中的对象。

（四）视图显示控制

在CorelDRAW X6中，用户可以用缩放工具放大、缩小和平移页面视图以及用各种查看模式显示视图，下面将分别进行讲解。

1. 用缩放工具管理视图

使用缩放工具可以对视图进行缩放、平移、全屏幕显示等操作，以方便对图形进行查看。选择工具箱中的缩放工具，将打开如图1-31所示的属性栏，各按钮的作用如下。

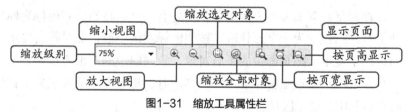

图1-31　缩放工具属性栏

- **"缩放级别"下拉列表框**：在该下拉列表框中可以选择视图缩放的比例或大小选项。也可以直接在下拉列表框中输入需要显示的比例，然后按【Enter】键确定。

- **"放大"按钮**：单击该按钮，将以两倍的比例放大显示视图，快捷键为【F2】，当选择缩放工具后，在绘图区中光标将变为 ✎ 形状，直接单击鼠标左键也可实现放大功能。

- **"缩小"按钮**：单击该按钮，将以两倍的比例缩小显示视图，快捷键为【F3】，在放大状态下按住【Shift】键不放单击也可缩小图形显示。
- **"缩放选定范围"按钮**：单击该按钮，可将选定的图形对象最大限度地显示在当前绘图页面中，快捷键为【Shift+F2】。
- **"缩放全部对象"按钮**：单击该按钮，可将页面中的所有图形对象最大限度地显示在当前页面窗口中，快捷键为【F4】。
- **"显示页面"按钮**：单击该按钮，将以100%的比例显示绘图页面中的对象，快捷键为【Shift+F4】组合键。
- **"按页宽显示"按钮**：单击该按钮，将最大限度地显示页面宽度。
- **"按页高显示"按钮**：单击该按钮，将最大限度地显示页面高度。

2. 使用视图管理器管理视图

选择【窗口】/【泊坞窗】/【视图管理器】菜单命令，将打开如图1-32所示的"视图管理器"泊坞窗，其中提供了完整的视图调整工具，并可以将常用的视图比例进行保存供以后使用，"视图管理器"泊坞窗中特有选项的含义如下。

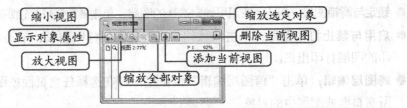

图1-32　视图管理器

- **"缩放一次"按钮**：使用该工具在绘图区域中单击，可以使页面视图放大两倍。按下【Shift】键的同时单击，可以将页面视图缩小到原视图的1/2。
- **"添加当前视图"按钮**：单击该按钮，将当前视图的显示比例添加到面板中的列表框中，以便以后使用。
- **"删除当前视图"按钮**：删除列表框中已经存在的视图显示比例。

知识补充　在水平滚动条和垂直滚动条相交处有一个按钮，将鼠标光标移至该按钮上时，指针变为十字形状时，按住鼠标左键不放，此时将会显示一个小窗口，用于显示绘图页面中的所有对象，该窗口中的矩形方框即表示当前显示的页面大小，按住鼠标左键不放并拖动时，矩形方框会随鼠标指针移动，同时在页面中的显示区域也会移动。

3. 切换视图显示模式

在CorelDRAW X6的"视图"菜单中为用户提供了7种视图显示模式，这些显示模式主要用于在绘制复杂图形时方便用户查看各个图形的重叠情况，切换视图显示模式只是改变图形的显示方式，而不会对图形产生任何影响。各个模式的显示效果介绍如下。

- **简单线框**：只显示对象的轮廓，不显示图形中的填充、立体等效果，以更方便查看图形轮廓的显示效果，如图1-33所示。
- **线框**：其显示效果与简单线框模式类似，只显示单色位图图像、立体透视图、轮廓图和调和形状对象。
- **草稿**：可以显示标准填充和低分辨率位图，它将透视和渐变填充显示为纯色，渐变填充则用起始颜色和终止颜色的调和来显示，当需要快速刷新复杂图像可以使用该模式，效果如图1-34所示。
- **正常**：显示PostScript填充外的所有填充图形及高分辨率的位图，它既能保证图形的显示质量，也不会影响刷新速度。
- **增强**：使用两倍超取样来达到最好效果的显示，该模式对计算机的性能要求较高。
- **像素**：该模式以位图的效果对矢量图进行预览，放大后可看见出现的像素点，方便了解输出为文图文件后的效果，效果如图1-35所示。
- **模拟叠印**：可以预览叠印颜色混合方式的模拟，最大化地还原叠印印刷时的效果，此功能对于项目校样非常有用。

图1-33 简单线框模式 　　　　图1-34 草稿模式 　　　　图1-35 像素模式

4. 选择视图预览方式

在CorelDRAW X6的"视图"菜单中为用户提供了3种视图预览方式，分别介绍如下。

- **全屏预览**：选择该方式将隐藏菜单栏与工具栏，全屏显示页面中的对象。
- **只预览选定对象**：选择该方式将只预览选择的对象。
- **页面排序器**：选择该方式可在同一窗口中预览编辑多个页面的效果。

（五）设置标尺、辅助线与网格

在绘制图形时可以使用一些辅助工具，如标尺、网格和辅助线来帮助定位图形的位置，确定图形的大小，从而提高绘图的精确度和工作效率，下面将分别进行讲解。

1. 认识标尺、辅助线与网格

标尺、辅助线与网格的含义分别介绍如下。

- **标尺**：标尺是一个测量工具，分为水平标尺和垂直标尺两种，可以帮助用户精确定位图形对象在水平方向和垂直方向上的位置和尺寸大小。
- **辅助线**：拖动标尺或在"选项"对话框（在后面任务实施中将进行详细介绍）中可创建的虚线，用于定位、对齐对象。

● **网格**：网格由均匀的水平线与垂直线组成，用于定位对象的位置与各对象之间的距离。在CorelDRAW X6中，网格主要有文本网格、像素网格和基线网格三种。

2. 编辑标尺、辅助线与网格

编辑标尺、辅助线与网格的常用方法如下。

● **显示标尺、辅助线与网格**：选择【视图】/【标尺（网格/辅助线）】菜单命令，即可显示或隐藏标尺（网格/辅助线）。

● **标尺、辅助线与网格选项设置**：选择【工具】/【选项】菜单命令，打开"选项"对话框，在该对话框的左侧选择"辅助线"下的"网格"选项，在右侧展开的面板中可设置对应的参数，如网格大小、间距、颜色；标尺微调值、单位、记号划分；辅助线颜色、位置、单位等，如图1-36和图1-37所示分别为展开的"网格"与"标尺"设置面板。

图1-36　网格设置选项　　　　　　　　　　　图1-37　标尺设置选项

知识补充

　　　按住【Shift】键的同时用鼠标左键单击标尺左上角的图标不放并拖动到绘图区中，此时将出现标尺十字定位双虚线，松开鼠标左键即可将标尺移动到新的位置。按住【Shift】键的同时单独拖动水平或垂直标尺，可以只移动水平或垂直标尺。

三、任务实施

（一）新建空白文件并设置辅助线

下面将先新建空白文档，然后将页面背景填充为苔绿色，再创建5mm出血区域的辅助线，最后添加对象并设置对象对齐辅助线，完成首页的制作，其具体操作如下。（微课：光盘\微课视频\项目一\新建空白文件并设置辅助线.swf）

STEP 1 启动CorelDRAW X6，在打开的欢迎界面中单击"新建空白文档"超链接，或选择【文件】/【新建】菜单命令或按【Ctrl+N】组合键，如图1-38所示。

STEP 2 打开"创建新文档"对话框，设置"名称、预设目标、大小、宽度、高度、单位"分别为"画册内页、自定义、570mm、290mm"，单击"横向"按钮，其他保持默认设置不变，单击 确定 按钮，如图1-39所示。

知识补充

本例制作的画册的一页是由两页组合而成，单页的规格为280mm×280mm，设置页面时加上出血区域的值5mm，得到570mm×290mm的宽高值。

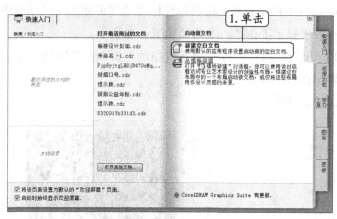

图1-38　选择新建空白文档

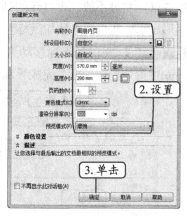

图1-39　设置新文档页面参数

STEP 3 选择【工具】/【选项】菜单命令，打开"选项"对话框，展开【文档】/【背景】选项，单击选中"纯色"选项，在其后的下拉列表框中将颜色设置为苔绿色，如图1-40所示。

STEP 4 展开【文档】/【辅助线】/【水平】选项，在"水平"栏下的文本框中输入"5"，在其后的下拉列表框中选择"毫米"选项，单击 添加(A) 按钮，将该值添加到下方的列表框中，在页面下方创建水平辅助线，继续在文本框中输入"285"，单击 添加(A) 按钮，在页面上方创建水平辅助线，如图1-41所示。

图1-40　设置页面背景

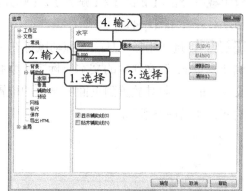

图1-41　创建水平辅助线

操作提示

在"选项"对话框中，展开【文档】→【辅助线】→【辅助线】选项，可通过1个角和1个点或两个点来创建倾斜的辅助线。

STEP 5 选择【视图】/【贴齐】/【贴齐辅助线】菜单命令，拖动对象至辅助线。

STEP 6 展开【文档】/【辅助线】/【垂直】选项，在文本框中分别输入"5、565"，单击 添加(A) 按钮，在页面左右两边创建垂直辅助线，设置完成后单击 确定 按钮返回工作界面，如图1-42所示。

STEP 7 在常用工具栏的"缩放级别"下拉列表框中选择"31%"选项，在缩放工具 🔍 上按住鼠标左键不放，在打开的列表中选择平移工具 ✋，将鼠标光标移动到页面上，光标呈现手形显示，在页面上按住鼠标左键不放平移至工作区右上角，如图1-43所示。

STEP 8 将鼠标光标移动到水平标尺上，按住鼠标左键不放拖动至页面底端距离出血线5mm位置处释放鼠标，完成手动创建出血线的操作。

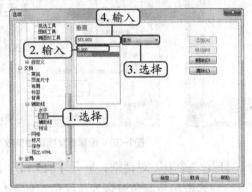

图1-42 创建精确位置的辅助线

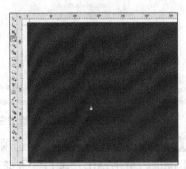

图1-43 平移图像并手动创建辅助线

操作提示 　　　　在垂直标尺上按住鼠标左键不放并拖动鼠标到绘图区中，在相应的位置释放鼠标即可创建一条垂直辅助线。

STEP 9 选择【视图】/【贴齐】/【贴齐辅助线】菜单命令，拖动对象靠近辅助线时，即可自动对齐，如图1-44所示。

STEP 10 选择矩形工具 ▭，拖动鼠标在页面绘制矩形，取消轮廓，填充为淡黄色，复制"画册内页.cdr"文件中的文本与标志（素材参见：光盘\素材文件\项目一\任务二\杂志内页文本.cdr），将其放置到页面中合适的位置，创建水平辅助线，使标志的底端与字母的底端对齐，如图1-45所示。

图1-44 设置贴齐辅助线

图1-45 添加页面对象

除了可以创建与设置贴齐辅助线，用户还可进行以下操作。

① 将鼠标光标放置在辅助线上并单击可选中该辅助线，按住【Shift】键不放可选择多条辅助线，选中的辅助线将呈红色显示，没有被选中的辅助线将呈浅蓝色显示。

② 选中辅助线后当鼠标光标变为↔形状时，拖动鼠标即可移动辅助线。

③ 选中辅助线后再次单击辅助线，辅助线上将出现旋转符号↰↱和旋转中心⊙，将鼠标光标移到两端的任意一个旋转手柄上并拖动，即可旋转辅助线。

④ 选中不需要的辅助线，再按【Delete】键即可删除辅助线。

⑤ 使用鼠标拖动辅助线到目标位置后单击鼠标右键，然后释放鼠标，即可复制一条辅助线。

⑥ 双击工作界面中的某个辅助线打开"选项"对话框，在左侧选择"辅助线"选项，单击"默认辅助线颜色"按钮■▼右侧的按钮▼，在打开的颜色列表框中可以选择一种颜色作为辅助线的颜色。

（二）插入、再制与重命名页面

在制作画册时需要使用到多个页面，而软件默认只有一个页面。此时，可通过插入页面或再制页面的方法制作多个页面，为了能更清楚、有序的表达页面内容，可根据页面内容重命名页面，其具体操作如下。（●微课：光盘\微课视频\项目一\插入、再制与重命名页面.swf）

STEP 1 选择【布局】/【再制页面】菜单命令，或在页面控制栏"页1"标签上单击鼠标右键，在弹出的快捷菜单中选择"再制页面"命令，或如图1-46所示。

STEP 2 打开"再制页面"对话框，单击选中"在选定的页面之后"单选项和"仅复制图层"单选项设置插入新页面的位置与再制的范围，单击 确定 按钮，如图1-47所示。

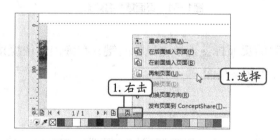

图1-46 选择"再制页面"命令

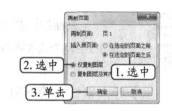

图1-47 设置再制页面位置与再制范围

STEP 3 选择【布局】/【插入页面】菜单命令，打开"插入页面"对话框，在"页码数"数值框中输入"4"，地点、大小、宽度和高度保持默认设置不变，单击 确定 按钮，如图1-48所示。

STEP 4 返回工作界面，在页面控制栏中查看插入页面的效果，单击该页面的标签"页3"可切换到页面3中，且标签呈深蓝色显示，如图1-49所示。

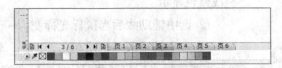

图1-48 插入页码 图1-49 查看插入的页码

操作提示 　除了单击进行切换外，还可单击页面控制栏中的◁按钮，显示当前页的前一页；单击◁◁按钮显示文档的第一页；单击▷按钮，显示当前页的后一页；单击▷▷按钮显示文档的最后一页。当新建的页面过多时，可拖动页面控制栏与滚动条之间的区域，加长页面控制栏。

STEP 5 保持选择"页3"标签，在其上单击鼠标右键，在弹出的快捷菜单中选择"重命名页面"命令，或选择【布局】/【插入页面】菜单命令，打开"重命名页面"对话框，在"页名"文本框中输入"桂林山水"，单击 确定 按钮，如图1-50所示。

STEP 6 返回工作界面，利用相同的方法为其他页面重名名，命名后效果如图1-51所示。

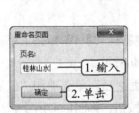

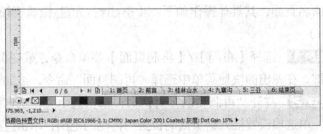

图1-50 打开"重命名页面"对话框 图1-51 页面重命名效果

知识补充 　在页面控制栏中需要删除的页面标签上单击鼠标右键，在弹出的快捷菜单中选择"删除页面"命令可删除该页面。

（三）导入素材完善画册

添加页面后需要在各个页面中添加图片文字、设置画册版式，使画册内容丰富，其具体操作如下。（⚫微课：光盘\微课视频\项目一\导入素材完善画册.swf）

STEP 1 在页面控制栏中单击"前言"标签切换到页面，在垂直标尺上按住鼠标左键不放拖动鼠标到绘图区中心位置，在该处创建辅助线。

STEP 2 选择【文件】/【导入】菜单命令或按【Ctrl+I】组合键，打开"导入"对话框，先选择导入文件的路径，再选择导入的"图片1.png"文件（素材参见：光盘\素材文件\项目一\任务二\风景\图片1.jpg），单击 导入 ▼ 按钮，如图1-52所示。

STEP 3 在页面右侧沿着辅助线拖动绘制导入区域，完成后复制"画册内页文本.cdr"文件中的文本框到页面右上角（素材参见：光盘\素材文件\项目一\任务二\画册内页文本.cdr），效果如图1-53所示。

知识补充 打开素材图片所在的文件夹窗口，直接将需要的图片拖动到工作区中也可快速导入素材图片。

图1-52 打开"导入"对话框

图1-53 完善"前言"页面

STEP 4 在页面控制栏中单击"桂林山水"标签切换到该页面，创建需要的辅助线，择矩形工具□，在页面右侧拖动鼠标在页面绘制矩形，取消轮廓，填充为浅绿色。

STEP 5 在页面右端的中心绘制矩形与直线线条，右击色块将轮廓色设置为"淡黄色"，在属性栏将轮廓粗细设置为"0.567mm"。

STEP 6 复制"画册内页.cdr"文件中的桂林山水相关文本（素材参见：光盘\素材文件\项目一\任务二\杂志内页文本.cdr），并导入需要的图片（素材参见：光盘\素材文件\项目一\任务二\风景\桂林山水.jpg、桂林山水1.jpg、桂林山水2.jpg），放置到合适位置，效果如图1-54所示。

STEP 7 使用相同的方法制作"九寨沟"页面、"三亚"页面和"结束页"页面（素材参见：光盘\素材文件\项目一\任务二\杂志内页文本.cdr、光盘\素材文件\项目一\任务二\风景\），制作后的效果分别如图1-55所示、如图1-56所示、如图1-57所示。

图1-54 "桂林山水"页面

图1-55 "九寨沟"页面

图1-56 "三亚"页面   图1-57 "结束页"页面

（四）使用图层与页面排序器

创建页面，可通过图层来编辑页面，如添加统一的标签、标志、书名等，完成后可通过页面排序器查看所有页面效果，其具体操作如下。（❀微课：光盘\微课视频\项目一\使用图层与页面排序器.swf）

STEP 1 选择【窗口】/【泊坞窗】/【对象管理器】菜单命令，打开"对象管理器"泊坞窗，在"主页"选项上单击鼠标右键，在弹出的快捷菜单中选择"新建主图层（所有页）"命令，如图1-58所示。

STEP 2 在创建主图层中输入"标签"，按【Enter】键完成重命名，选择"标签"图层，该图层呈深蓝色底纹显示。

STEP 3 选择矩形工具□，拖动鼠标在页面左右上角绘制相同大小的矩形，填充为黑色，复制素材中的"金典旅游画册系列"文本（素材参见：光盘\素材文件\项目一\任务二\画册内页文本.cdr），置于矩形上同时选择黑色矩形与文本，按【Ctrl+G】组合键群组，黑色矩形与文本将显示到"标签"图层下方，效果如图1-59所示。

图1-58 新建主图层   图1-59 编辑主图层

STEP 4 单击泊坞窗口右上角的 ▨ 按钮关闭泊坞窗，选择【布局】/【页面排序器】菜单命令，进入"页面排序器"模式，单击"中等缩略图"按钮▨，查看所有页面效果，如图1-60所示。

STEP 5 在属性栏上单击"页面排序器"按钮▨退出页面排序器模式，选择【视图】/【辅助线】菜单命令隐藏辅助线，保存并关闭文件，完成本例的制作（最终效果参见：光盘\效果文件\项目一\任务二\画册内页.cdr）。

图1-60 页面排序器

职业素养

　　画册是指对产品、文化等进行说明的册子，画册的尺寸规格分为矩形画册和方形画册两种，本例制作的画册属于方形画册双开的情况。需要注意的是，画册成品尺寸=纸张尺寸－修边尺寸。

实训一　设计信封

【实训要求】

　　本实训要求制作企业的信封，其中包括设置信封页面、添加邮编框、添加公司标志与文本等部分。

【实训思路】

　　根据实训要求，制作时可先新建空白文档，然后设置页面大小，创建辅助线，并设置贴齐辅助线，再添加信封元素到信封上，最后在制页面制作信封反面。参考效果如图1-61所示。

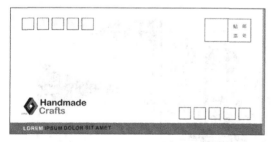

图1-61 信封正反面效果

【步骤提示】

STEP 1 启动CorelDRAW X6，在打开的欢迎界面中单击"新建空白文档"超链接。新建空白文档，在属性栏中的"纸张宽度和高度" 数值框输入220mm和110mm，设置页面的大小，完成后按【Enter】键确认。

STEP 2 单击标准工具栏中的 贴齐▾ 按钮，在打开的列表中选择"贴齐辅助线"选项，在标尺上按住鼠标左键不放拖动鼠标到绘图区中，在距离页边10mm的位置分别创建辅助线。

STEP 3 双击工具箱中的矩形工具▣，在页面上绘制出一个与页面大小相同的矩形，取消轮廓填充为白色。

STEP 4 选择工具箱中的矩形工具▣在信封左上角按住【Ctrl】键和鼠标左键不放，绘制一个矩形作为邮编框，释放鼠标后在属性栏中将对象宽度与高度设置为"10mm"。

STEP 5 保持矩形的选择状态，按【Alt+F6】组合键打开"变换"泊坞窗，单击选中"相对位置"复选框和右侧中间的复选框，然后将"水平"设置为"13"，再在"副本"数值框中输入"5"，单击 应用 按钮便可每隔13mm复制一个邮编框。然后将整组邮编框复制到右下角。使用相同的方法绘制20mm×20mm的矩形放置到信封右上角作为贴邮票的区域。

STEP 6 复制素材中的的标志与文本到信封中，将其放置到信封的合适位置（素材参见：光盘\素材文件\项目一\实训一\信封文本.cdr）。

STEP 7 在页面标签上单击鼠标右键，在弹出的快捷菜单中选择"再制页面"命令，使用钢笔工具▣在上边缘依次单击绘制信封折叠区矩形，取消轮廓，填充为橙色，复制标志与文本置于左下角。

STEP 8 选择【文件】/【保存】菜单命令，在打开的对话框中将制作的文件保存为"企业信封设计"，保存并关闭文件完成本例的制作（最终效果参见：光盘\效果文件\项目一\实训一\企业信封设计.cdr）。

实训二　设计房地产折页海报

【实训要求】

本实训要求利用文本的新建、页面属性设置、素材文件的导入与复制操作制作房地产折页海报（素材参见：光盘\素材文件\项目一\实训二\房地产折页.cdr），完成后的参考效果如图1-62所示。

图1-62　房地产折页海报效果

【实训思路】

根据实训要求，本实训可先新建固定大小的页面，再创建辅助线进行分页，然后导入图片，复制素材中的文本，最后保存文件即可。

【步骤提示】

STEP 1　启动CorelDRAW X6，在打开的欢迎界面中单击"新建空白文档"超链接。新建空白文档，在属性栏中的"纸张宽度和高度"数值框输入600mm和230mm，完成后按【Enter】键确认。

STEP 2　在标尺上按住鼠标左键不放拖动鼠标到绘图区中，将页面分成四等分。

STEP 3　选择工具箱中手绘工具 ，在两边单击绘制页面分割线，选择矩形工具 ，在每页拖动鼠标绘制页面矩形，右键单击颜色板中的 色块，取消轮廓，填充CMYK值为"0、0、10、0"。

STEP 4　创建辅助线，在折页1和折页4两端绘制矩形条，取消轮廓，填充CMYK值为"48、56、100、3"。选择折页3矩形，选择交互式填充工具 ，从下到上垂直拖动鼠标，在属性栏分别设置两端的CMYK值为"0、0、40、40"、"0、0、10、0"。

STEP 5　创建辅助线，导入素材中的图片放置到合适位置（素材参见：光盘\素材文件\项目一\实训二\房地产图片\），通过鼠标右键中的"顺序"命令控制图片在页面中的排列顺序。

STEP 6　复制素材中的文本到各折页中（素材参见：光盘\素材文件\项目一\实训二\房地产折页海报文本.cdr）。

STEP 7　选择【文件】/【保存】菜单命令，在打开的对话框中将制作的文件保存为"房地产折页"，最后关闭文件完成本例的制作（最终效果参见：光盘\效果文件\项目一\实训二\房地产折页.cdr）。

常见疑难解析

问：取消CorelDRAW X6的欢迎屏幕后，怎样才能恢复？

答：在CorelDRAW X6的欢迎屏幕中取消选中"启动时始终显示开始屏幕"复选框可在下次启用软件后直接进入工作界面。设置后，选择【工具】/【选项】菜单命令，在打开的对话框中展开【工作区】/【常规】选项，在右侧的"CorelDRAW X6启动"下拉列表中选择"欢迎屏幕"选项即可恢复。

问：矢量图可以像位图那样由扫描仪或数码相机获得吗？

答：不可以。矢量图无法由扫描仪和数码相机获得，只能由一些图形软件生成，例如CorelDRAW、AutoCAD和Illustrator等。这些图形软件可以定义图像的角度、圆弧、面积以及轮廓等特性，并且还能定义图形与纸张相对的空间方向。

问：输出分辨率是指什么分辨率呢？

答：可输出分辨率又叫打印分辨率，指绘图仪或打印机等输出设备在输出图像时每英寸所产生的油墨点数。如果使用与打印机输出分辨率成正比的图像分辨率，便能产生较好的输出效果。

问：在CorelDRAW X6中导入图像时，可以更改导入图像的长宽比例吗？

答：可以。方法是在按住【Alt】键的同时拖动鼠标，即可随意改变导入图像的长宽比例。

问：为什么在保存选定的对象时，在"保存图形"对话框中没有"只是选定的"复选框？

答：因为只有在选择了需要保存的对象后，才会在"保存图形"对话框中显示"只是选定的"复选框，否则将不会有该复选框。

拓展知识

1. 纸张开度

在工作中，经常会接触到不同类型的设计工作，如展架、名片、画册等，在制作这些设计文件时，客户都会给出相关的尺寸，但设计人员也需要对纸张的开度有一定的认识，其中正度纸张787mm×1092mm，大度纸张889mm×1194mm，各纸张开度如表1-1所示。

表1-1　纸张与印品开度表（单位：mm）

开度	大度毛尺寸	成品净尺寸	正度毛尺寸	成品净尺寸
全开	1194×889	1160×860	1092×787	1060×760
对开	889×597	860×580	787×546	760×530
长对开	1194×444.5	1160×430	1092×393.5	1060×375
3开	889×398	860×350	787×364	760×345
丁字3开	749.5×444.5	720×430	698.5×393.5	680×375
4开	597×444.5	580×430	546×393.5	530×375
长4开	298.5×88.9	285×860	787×273	760×260
5开	380×480	355×460	330×450	305×430
6开	398×44.5	370×430	364×393.5	345×375
8开	444.5×298.5	430×285	393.5×273	375×260
9开	296.3×398	280×390	262.3×364	240×350
12开	298.5×296.3	285×280	273×262.3	260×250
16开	298.5×222.25	285×210	273×262.3	260×185
18开	199×296.3	180×280	136.5×262.3	120×250
20开	222.5×238	270×160	273×157.4	260×40
24开	222.5×199	210×185	196.75×182	185×170
28开	298.5×127	280×110	273×112.4	1260×100
32开	222.5×149.25	210×140	196.75×136.5	185×130
64开	149.25×111.12	130×100	136.5×98.37	120×80

下面便对常用的纸张尺寸进行介绍。

● **名片**：横版90mm×55mm（方角）、85mm×54mm（圆角）；竖版50mm×90mm（方角）、54mm×85mm（圆角）；方版90mm×90mm（方角）、90mm×95mm（圆角）。

● **IC卡**：85mm×54mm。

● **三折页广告**：标准尺寸210mm×285mm（A4）。

● **普通宣传册**：标准尺寸210mm×285mm（A4）。

● **文件封套**：标准尺寸220mm×305mm。

● **招贴画**：标准尺寸540mm×380mm。

● **挂旗**：标准尺寸376mm×265mm（8开）、540mm×380mm（4开）。

● **手提袋**：标准尺寸400mm×285mm×80mm。

● **信纸、便条**：标准尺寸185mm×260mm、210mm×285mm（16开）。

2. **CorelDRAW如何与其他软件实现文件交换**

为了得到更佳的效果，CorelDRAW作品经常需要调用其他软件的文件，如Photoshop、AutoCAD、3DS max、Illustrator等软件，下面便对CorelDRAW调用相关软件文件的方法进行介绍。

● 在AutoCAD中绘制图形后可以导出为JPG等格式的图片，然后在CorelDRAW中导入便可使用，如绘制房屋平面图时，可以导入AutoCAD绘制的平面图，再在其基础上便可进行精确地绘制。

● CorelDRAW常与Photoshop结合使用，如先用Photoshop处理好图像色彩和效果，再导入CorelDRAW中制作海报和宣传单等。

● CorelDRAW支持AI格式的文件导入，因此可与Illustrator实现文件交换。

● 3DS max中的效果图可通过渲染输出为JPG等图片格式再导入到CorelDRAW中使用。

3. **设置命令快捷键**

除了前面讲解的自定义界面中菜单栏与工具栏的显示等操作外，还可为一些常用命令自定义快捷键提高文件制作速度。其方法为：选择【工具】/【选项】菜单命令，在打开的对话框中展开【工作区】/【自定义】/【命令】选项，在右侧单击"快捷键"选项卡，在左侧选择需要设置快捷键的选项，在"新建快捷键"文本框中按自定义的快捷键，单击 指定(A) 按钮将其指定到选择的选项上，单击 确定 按钮完成设置，如图1-63所示设置"文档属性"快捷键的方法。

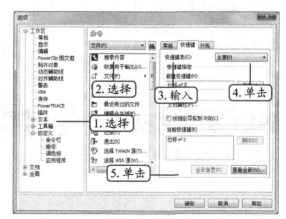

图1-63　设置"文档属性"快捷键

4. 查看提示信息

初次使用CorelDRAW时可能不太熟悉软件界面各工具的用法与一些基本功能的操作方法，这时可在单击选择对象后，在右侧出现的"提示"泊坞窗中查看。若没有显示"提示"泊坞窗，可选择【帮助】/【提示】菜单命令，将其显示出来。

课后练习

（1）新建一个图形文件，再添加两个页面，将3个页面分别命名为"折页1""折页2"和"折页3"，然后练习页面的切换、删除和移动顺序操作。

（2）根据前面介绍的CorelDRAW中支持的文件格式，从网上或利用其他图形软件搜集并整理一些图形设计素材，在计算机中分门别类地放置到不同的文件夹中，以便于后面设计中使用。

（3）新建一个图形文件，导入提供的首饰素材（素材参见：光盘\素材文件\项目一\课后练习\首饰海报图片.jpg），然后绘制矩形图形并添加文字，最后保存为"首饰海报.cdr"（效果参见：光盘\效果文件\项目一\课后练习\首饰海报.cdr），最终效果如图1-64所示。

（4）新建一个文件，方向为横向，然后依次将"背景.jpg"和"图.tif"（素材参见：光盘\素材文件\项目一\课后练习\背景.jpg、图.tif）图形文件导入到页面中，然后对图片进行缩放等编辑，最后复制"生活吧文本.cdr"（素材参见：光盘\素材文件\项目一\课后练习\生活吧文本.cdr）到页面右侧，效果如图1-65所示（效果参见：光盘\效果文件\项目一\课后练习\生活吧海报.cdr）。

图1-64　饰品海报效果

图1-65　生活吧海报效果

PART 2

项目二
对象管理

情景导入

阿秀：小白，前面已经初步认识了CorelDRAW X6的操作界面以及基本操作，但你制作出来的页面显得非常凌乱，这样不利于查看与编辑。

小白：那有什么解决方法呢？

阿秀：在绘制图形过程中，可对其中的对象进行管理，如锁定不需要编辑的对象，群组部分图形、对齐分布图形、缩放、旋转图形等，以得到理想的绘图效果。

小白：这样呀！你教教我吧。

学习目标

● 掌握对象的变换、群组、锁定、复制等方法
● 掌握对象的对齐、分布、排列等方法

技能目标

● 掌握"文化用品宣传单"页面的设置方法
● 掌握"摄影网站"页面的布局方法

任务一 制作文化用品宣传单

宣传单广泛用于各行各业的产品推广、门店宣传等。在制作宣传单过程中，经常需要对宣传单中的对象进行编辑操作，如移动、复制、缩放、旋转、群组、锁定等，以帮助用户快速完成制作。

一、任务目标

本任务将使用管理对象的常用操作来制作文化用品的宣传单，主要涉及到使用旋转功能快速绘制折扇、再对装饰花纹与底纹进行缩放、镜像与叠放顺序的设置，最后进行文本添加等操作。通过本任务可掌握在CorelDRAW X6中管理对象的相关操作。本任务制作完成后的效果如图2-1所示。

图2-1 文化用品宣传单效果

二、相关知识

本任务制作过程中涉及对象的选择、变换等操作，下面对相关的知识进行详细讲解。

（一）认识多种选择方式

选择对象是编辑对象的前提，在CorelDRAW X6中，选择对象的方式很多，用户可根据不同的需求选择适合的选择方式。下面分别进行介绍。

● **单击选择**：在工具箱选择选择工具，选择需要选择的对象，对象周围出现黑色控制点，继续单击选择其他对象或单击空白处可取消选择；按住【Shifit】键可同时单击选择多个对象。

● **矩形框选**：在工具箱选择选择工具，拖动鼠标绘制选框，选框内的对象将都会被选中。

● **手绘框选**：在工具箱按住选择工具不放，在弹出的面板中选择手绘选择工具，按住鼠标左键拖动不放，可绘制选框的路径，选框内的对象将被选中，如图2-2所示。

图2-2 手绘框选

● **循环选择**：在工具箱选择选择工具，按【Tab】键，可选择最后绘制的图层，继续按【Tab】键可按对象的添加顺序循环选择对象。

● **选择被遮盖的对象**：在选择时，底层的对象如果被上层的对象遮盖，将不易被选中，此时，可在工具箱选择选择工具，按住【Alt】键，单击对象所在位置进行选择，再次单击将继续选择所选对象下面的对象，若所选对象下层无对象，将返回选择最上层的对象，如图2-3所示对直接单击与按住【Alt】键所选择对象。

图2-3　选择被遮盖的对象

● **全选**：双击选择工具可全选工作区所有对象，若选择【编辑】/【全选】菜单命令，可在打开的子菜单中选择全选对象、文本、辅助线或节点。

（二）认识变换对象途径

选择对象后，可对对象的位置、大小、倾斜度、旋转角度等进行变换，在CorelDRAW X6中变换对象方式有以下两种。

1.鼠标拖动变换

选择对象后，直接拖动对象四周的控制点可快速对选择对象进行移动、缩放、镜像、倾斜、旋转等操作，分别介绍如下。

● **移动对象**：选择对象后，在对象中心的控制点上按住鼠标左键不放拖动到合适位置。

● **缩放对象**：选择对象后，拖动对象四角的控制点可按比例放大或缩小对象；拖动对象四边的控制点可单独调整对象的高与宽的值。

操作提示　在水平或垂直拖动对象过程中，按住【Ctrl】键或【Shift】键可按水平或垂直方向拖动对象。

● **镜像对象**：当拖动对象四周的控制点超过对象本身的边界线时，可水平或垂直翻转对象，如图2-4所示。

图2-4　镜像对象

- **旋转对象**：选择对象后，在对象中心的控制点上单击，中心呈现⊙形状时，在其上按住鼠标左键拖动到合适位置确定旋转基点，再将鼠标光标移至四角 ↗ 形状上，此时鼠标光标变为↻形状，按住鼠标左键不放进行拖动进行旋转，如图2-5所示。

- **倾斜对象**：选择对象后，在对象中心的控制点上单击，再在四边出现的 ↔ 形状上按住鼠标左键不放进行倾斜，如图2-6所示。倾斜常用于包装侧面的处理。

图2-5　旋转对象

图2-6　倾斜对象

2. 认识"变换"泊坞窗

在"变换"泊坞窗可实现对象的精确位移、角度旋转等变换操作，按【Alt+F7（或F8、F9、F10）】组合键，或选择【排列】/【变换】菜单命令中的任一子命令，即可打开"变换"泊坞窗，如图2-7所示。该面板部分参数的作用介绍如下。

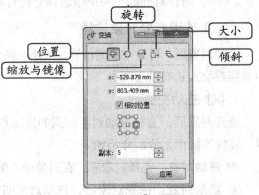

图2-7　"变换"泊坞窗

- **位置**：单击"位置"按钮✥可设置对象移动的精确位置，在其下可设置移动的水平与垂直距离、方向。

- **旋转**：单击"旋转"按钮○可设置旋转角度、旋转的中心。

- **镜像与缩放**：单击"镜像与缩放"按钮⬌可设置水平与垂直方向缩放的比例和水平或垂直镜像的方式。

- **大小**：单击"大小"按钮▣可指定对象的具体尺寸。

- **倾斜**：单击"倾斜"按钮◱可设置水平或垂直方向倾斜的角度，以及倾斜的锚点。

- **基点位置**：有八个复选框，选中对应复选框，可设置移动的方向、旋转的基点、镜像的对称点等。

- **副本**：在该数值框中可设置移动、旋转、倾斜后的副本数量。

（三）对象的复制与再制

CorelDRAW X6中提供了多种复制与再制对象的方法，下面分别进行介绍。

- **按住鼠标右键移动**：按住鼠标右键移动对象，至合适位置后释放鼠标，可在目标对象上复制对象。

- **通过复制与粘贴命令**：选择对象后，在"编辑"菜单中或单击鼠标右键，在弹出的快捷菜单中依次选择"复制"与"粘贴"命令可复制对象。

- **通过快捷键：**选择对象后，依次按【Ctrl+C】组合键和【Ctrl+V】组合键。
- **再制对象：**与复制类似，选择对象并执行移动、旋转等操作后，选择【编辑】/【再制】菜单命令，可在打开的对话框中设置再制对象的水平或垂直距离偏移，均匀的复制操作的对象。

 知识补充　　　直接进行复制粘贴后的对象覆盖在原来对象上，需要将其移动到另一位置才能查看复制后的效果。

（四）认识步长与重复

复制图形时，利用步长与重复功能可以调整两个图形之间的间距。选择【编辑】/【步长与重复】菜单命令，打开"步长与重复"泊坞窗，如图2-8所示。在其中可设置水平或垂直方向的偏移值（或距离值）与重复值，单击 应用 按钮即可。

图2-8　步长与重复

三、任务实施

（一）旋转、再制与排序对象

下面将使用旋转、再制与排序对象的方法来快速绘制扇子的扇柄，其具体操作如下。（微课：光盘\微课视频\项目二\旋转、再制与排序对象.swf）

STEP 1　新建A4的空白图像文件，在工作区创建纵横交叉的两条辅助线，选择贝塞尔工具，在如图2-9所示的位置拖动鼠标绘制粗扇柄（与辅助线的角度约为22°），填充RGB为"34、0、0"，在属性栏将轮廓设置为"无"。

STEP 2　在工具箱选择选择工具，单击选择扇柄，选择【排列】/【变换】/【旋转】菜单命令，打开"变换"泊坞窗的旋转面板。

 知识补充　　　选择自由变换工具，可在属性栏中单击相应按钮（与"变换"泊坞窗的变换按钮相同）设置变换方式，再拖动变换的对象进行变换操作，变换过程中将出现变换辅助线。

STEP 3 将鼠标光标移动至中心位置并单击鼠标，中心呈现⊙形状，将鼠标光标移动到该图标上按住鼠标左键不放拖动至辅助线交叉点中心，确定旋转基点，如图2-10所示。

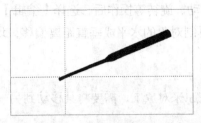

图2-9 绘制粗扇柄

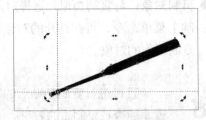

图2-10 设置旋转基点

STEP 4 在"旋转角度"数值框中输入"136.0"，在"副本"数值框中输入"1"，单击 应用 按钮，如图2-11所示。

STEP 5 得到旋转136°并复制的扇柄效果，如图2-12所示。

图2-11 设置旋转参数

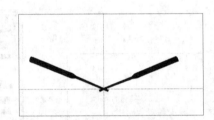

图2-12 旋转与再制对象效果

STEP 6 选择贝塞尔工具 ，在中间的位置拖动鼠标绘制细扇柄，填充RGB为"34、0、0"，在属性栏将轮廓设置为"0.567pt"，设置轮廓色为"128、95、44"，效果如图2-13所示。

STEP 7 单击选择细扇柄，使用相同方法将旋转基点移至辅助线交叉点，在"变换"泊坞窗的旋转"旋转角度"数值框中输入"-11.3"，在"副本"数值框中输入"5"，单击 应用 按钮，效果如图2-14所示。

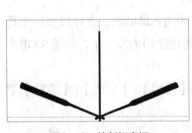

图2-13 绘制细扇柄

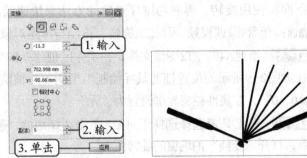

图2-14 设置旋转参数

STEP 8 选择垂直辅助线上的扇柄，在"变换"泊坞窗的旋转"旋转角度"数值框中输入"11.3"，在"副本"数值框中输入"5"，单击 应用 按钮，效果如图2-15所示。

STEP 9 选择右侧的粗扇柄，选择【排列】/【顺序】/【到图层前面】菜单命令，效果如

图2-16所示。

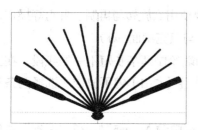
图2-15　旋转与再制对象

图2-16　排列顺序

（二）群组并锁定对象

旋转与再制后，扇柄较多，这时可通过群组将其组合为一个对象，再锁定对象，方便后面扇面的编辑，其具体操作如下。（💿微课：光盘\微课视频\项目二\群组并锁定对象.swf）

STEP 1　在工具箱选择选择工具，在扇柄右上角拖动鼠标绘制选框，使选框完全框住扇柄，选择所有扇柄，如图2-17所示。

STEP 2　在选择的扇柄上单击鼠标右键，在弹出的快捷菜单中选择"群组"命令，或按【Ctrl+G】组合键，群组扇柄图形，效果如图2-18所示。

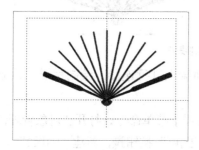
图2-17　框选对象

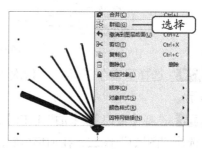
图2-18　群组对象

STEP 3　在选择的扇柄上单击鼠标右键，在弹出的快捷菜单中选择"锁定对象"命令，锁定扇柄图形，如图2-19所示。

STEP 4　锁定对象后选择对象，对象的四周将出现锁形图标，效果如图2-20所示。

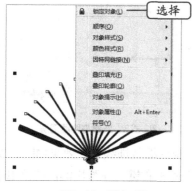
图2-19　锁定对象

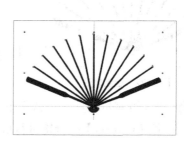
图2-20　锁定对象效果

（三）制作与填充扇面

制作扇柄后，需要对扇面进行制作。制作扇面也需要使用到旋转与再制、群组等操作，其具体操作如下。（🎦微课：光盘\微课视频\项目二\制作与填充扇面.swf）

STEP 1 选择贝塞尔工具✎，从辅助线交叉点到扇柄端绘制两条长短不一的线段，在工具箱选择选择工具▶，其中，线段相交角度约为2.3°，按住【Ctrl】键不放依次选择两条线段，按【Ctrl+G】组合键进行群组。

STEP 2 在"变换"泊坞窗的旋转"旋转角度"数值框中输入"-5"，在"副本"数值框中输入"27"，单击 应用 按钮，效果如图2-10所示。框选所有线条，按【Ctrl+G】组合键进行群组，如图2-21所示。

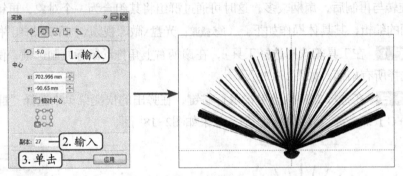

图2-21　旋转与再制线条

STEP 3 选择贝塞尔工具✎，依次单击线条上面端点进行连接，绘制扇沿，效果如图2-22所示。

STEP 4 选择【窗口】/【泊坞窗口】/【对象管理器】菜单命令，打开"对象管理器"泊坞窗，选择"图层1"图层，在泊坞窗底部单击"新建图层"按钮，新建"图层2"。

STEP 5 将群组的线条拖动到新建的"图层2"上，单击"图层1"前的👁图标隐藏该图层，仅显示图层2，效果如图2-23所示。

图2-22　绘制扇沿

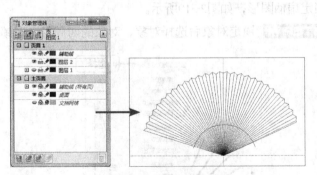

图2-23　新建与隐藏图层

STEP 6 选择贝塞尔工具✎，依次单击线条绘制扇沿装饰线条，效果如图2-24所示。框选所有线条，按【Ctrl+G】组合键进行群组，单击鼠标右键，在弹出的快捷菜单中选择"锁定对象"命令，锁定绘制的线条。

STEP 7 选择智能填充工具 🖋，在属性栏栏将"填充颜色"设置为"中等灰色"，将"填充轮廓"设置为"无"，单击扇面区域进行填充，如图2-25所示。

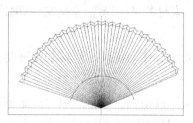

图2-24 绘制扇沿装饰线条

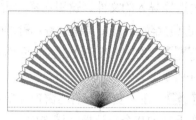

图2-25 填充扇面

STEP 8 使用相同的方法为扇面与扇面边缘填充不同深浅的灰色，效果如图2-26所示。

STEP 9 选择锁定的扇面线条，在其上单击鼠标右键，在弹出的快捷菜单中选择"解锁对象"命令，如图2-27所示。

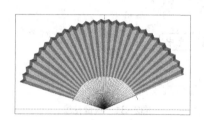

图2-26 填充扇面

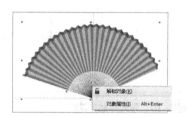

图2-27 解锁对象

STEP 10 解锁线条后，按【Delete】键进行删除，框选扇面图形，按【Ctrl+G】组合键进行群组。

知识补充

选择多个对象后，在属性栏中单击"群组"按钮 也可进行群组操作。

STEP 11 在"对象管理器"泊坞窗的"图层1"前单击 按钮显示图层1中的扇柄图形，如图2-28所示。

STEP 12 在工具箱选择选择工具 ，按住【Ctrl】键不放依次单击扇柄与扇面，按【Ctrl+G】组合键进行群组，如图2-29所示。

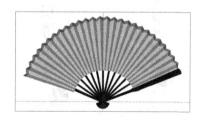

图2-28 显示图层

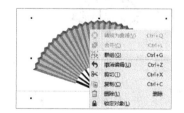

图2-29 群组扇柄与扇面

（四）镜像与缩放背景元素

下面将复制或导入背景中的元素，并使用缩放与镜像等操作完成背景元素的设置，其具体

操作如下。（●微课：光盘\微课视频\项目二\镜像与缩放背景元素.swf）

STEP 1 选择【文件】/【导入】菜单命令，打开"导入"对话框，先选择导入文件的路径，再选择导入的文件，这里选择"古典底纹.png"（素材参见：光盘\素材文件\项目二\任务一\古典底纹.png），单击 导入 ▼ 按钮。

STEP 2 单击导入花纹，在页面中心创建垂直辅助线，移动花纹，使其贴齐辅助线，如图2-30所示。

STEP 3 在"变换"泊坞窗顶部单击"缩放和镜像"按钮 ，单击选中"按比例"复选框，在下面的八个复选框区域选中左中位置的复选框，设置镜像的对称点，在"副本"数值框中输入"1"，单击 应用 按钮，效果如图2-31所示。

图2-30 导入并贴齐花纹　　　　　　　　　　　图2-31 镜像花纹

STEP 4 在工具箱选择选择工具 ，单击选择之前绘制的折扇，将其移至页面花纹上方，拖动四角的控制点调整大小，单击鼠标右键，在弹出的快捷菜中选择【顺序】/【置于图层前面】命令。

STEP 5 复制"古典文化文本.cdr"文件中的"厚积薄发◎成就"文本（素材参见：光盘\素材文件\项目二\任务一\文化用品宣传单文本.cdr），置于底纹下方，效果如图2-32所示。

STEP 6 选择椭圆工具 ，在文本左下方按住【Ctrl】键不放拖动鼠标绘制圆，设置颜色为"深红色"、轮廓为"无"。

STEP 7 选择绘制的圆，按住鼠标左键拖动至右侧一定间距，出现蓝色的圆，效果如图2-33所示，单击鼠标右键复制相同的圆。

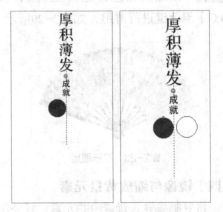

图2-32 移动与排序折扇　　　　　　　　　　图2-33 使用鼠标右键复制对象

STEP 8 继续复制圆，选择绘制的圆，拖动圆右下角的控制点进行放大，如图2-34所示。

STEP 9 继续复制并缩小圆，选择文本工具字。在圆上输入字母，选择字母，在属性栏将字体设置为"Batang"，选择文本，单击白色色块填充为白色，按【Ctrl+Q】组合键进行转曲，拖动控制点调整文本大小，效果如图2-35所示。

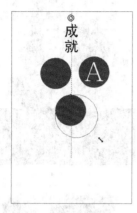

图2-34　放大对象

图2-35　添加文本

操作提示　　　　在缩放对象过程中，按住【Ctrl】键的同时拖动选框四角处的控制点，可使对象按原始大小的倍数等比例缩放；按住【Alt】键的同时拖动四角处的控制点，可以按任意长宽比例延伸对象。

STEP 10 选择【文件】/【导入】菜单命令或打开"导入"对话框，先选择导入文件的路径，再选择导入的"折扇背景.png"文件（素材参见：光盘\素材文件\项目二\任务一\折扇背景.png），单击 导入 按钮，沿页面边框绘制的导入区域导入背景，效果如图2-36所示。

STEP 11 按【Ctrl+Enter】组合键将背景置于页面后面，复制"古典文化宣传单文本.cdr"文件中"厚积薄发◎成就"之外的文本（素材参见：光盘\素材文件\项目二\任务一\古典文化宣传单文本.cdr），置于页面右侧中间位置，效果如图2-37所示。

图2-36　导入背景

图2-37　添加文本

STEP 12 保存并关闭文件，完成本例的制作（最终效果参见：光盘\效果文件\项目二\任务一\文化用品宣传单.cdr）。

任务二 设计摄影网站

在网页布局中经常需要均匀布局网页图片，这时可使用分布、排列、对齐等功能，对其进行排列操作。本任务将进行详细介绍。

一、任务目标

本例将练习用CorelDRAW制作"摄影网站主页"，在制作时需要新建图形文件，然后对网页进行大致布局，再导入素材图片和输入相关文本，并对图片和文本进行对齐与分布等操作。通过本例的学习，可以掌握图形对象的分布、对齐、排列等操作。本例制作完成后的最终效果如图2-38所示。

二、相关知识

本任务进行网页布局版式设计的相关内容，

图2-38 摄影网站效果

需要应用到对齐、排序等操作，下面简单介绍管理对象的相关操作。

（一）对齐对象

通过对齐与分布对象功能，可以将多个对象整齐地排列，以得到具有一定规律的分布组合效果。选择两个或两个以上的对象，选择【排列】/【对齐和分布】菜单命令，在打开的子菜单中选择对齐命令，或选择"对齐和分布"命令，打开"对齐与分布"泊坞窗口，在对齐面板中单击相应按钮即可对齐对象，如图2-39所示。

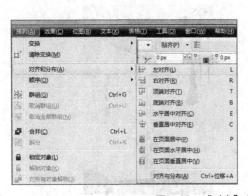

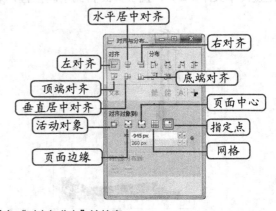

图2-39 "对齐"命令与"对齐与分布"泊坞窗

"对齐与分布"泊坞窗口中"对齐"面板中各选项的含义分别介绍如下。

- "**左对齐**"**按钮**：单击该按钮可使所选对象的左边缘对齐在同一垂直线上。
- "**水平居中对齐**"**按钮**：单击该按钮可使所选对象的中心对齐在同一水平线上。
- "**右对齐**"**按钮**：单击该按钮可使所选对象的右边缘对齐在同一垂直线上。
- "**顶端对齐**"**按钮**：单击该按钮可使所选对象的顶端对齐在同一水平线上。
- "**垂直居中对齐**"**按钮**：单击该按钮可使所选对象的中心对齐在同一垂直线上。
- "**底端对齐**"**按钮**：单击该按钮可使所选对象的底端对齐在同一水平线上。
- "**活动对象**"**按钮**：单击该按钮可使所选择的对象以上一个选择的对象为参照物进行对齐。

操作提示　　在对齐对象时，选择对象的方法不同，对齐的参照物也不同，这对于分布对象也一样。当采用框选的方法选择对象时，参照物是被选择对象中最底层的对象；而按住【Shift】键加选对象时，参照物是最后一次选择的对象。另外需要注意的是，在对齐对象时，参照物不会移动。

- "**页面边缘**"**按钮**：选择对齐方式后，单击该按钮可使所选对象与页面边缘对齐。
- "**页面中心**"**按钮**：选择对齐方式后，单击该按钮可使所选对象与页面中心对齐。
- "**网格**"**按钮**：选择对齐方式后，单击该按钮可使所选对象与网格对齐。
- "**指定点**"**按钮**：选择对齐方式后，单击该按钮，在下方输入参考点的位置，或单击⊙按钮在工作区单击指定参考点，可使所选对象与指定的参考点对齐。

（二）分布图形对象

CorelDRAW可快速在水平和垂直方向上按不同方式分布对象，也可以在任意选定的范围内或整个页面内分布对象。主要是通过"对齐与分布"泊坞窗的"分布"面板来实现，如图2-40所示。

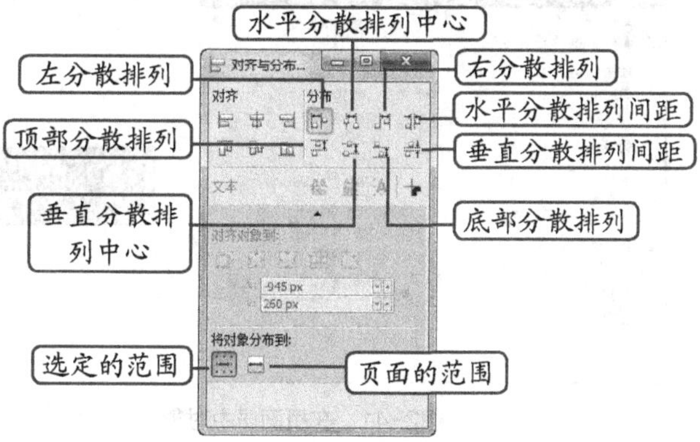

"分布"面板中各选项的含义如下。

- "**左分散排列**"**按钮**：单击该按钮可使所选对象以对象的左边缘为基准等间距分布。
- "**水平分散排列中心**"**按钮**：单击该按钮可使所选对象以对象的水平中心为基准等间距分布。
- "**右分散排列**"**按钮**：单击该按钮可使所选对象以对象的右边缘为基准等间距分布。
- "**水平分散排列间距**"**按钮**：单击该按钮可使所选对象按对象之间的水平间隔等间距分布。
- "**顶部分散排列**"**按钮**：单击该按钮可使所选对象以对象的顶端为基准等间距分布。
- "**垂直分散排列中心**"**按钮**：单击该按钮可使所选对象以对象的垂直中心为基准等

图2-40　"对齐与分布"泊坞窗

间距分布。

● **"底部分散排列"按钮** ：单击该按钮可使所选对象以对象的底端为基准等间距分布。

● **"垂直分散排列间距"按钮** ：单击该按钮可使所选对象按对象之间的垂直间隔等间距分布。

● **"选定的范围"按钮** ：选择对齐方式后，单击该按钮可使所选对象在选择对象的范围内分布。

● **"页面的范围"按钮** ：选择对齐方式后，单击该按钮可使所选对象在整个页面分布。

三、任务实施

（一）在页面对齐对象

下面将首先添加形状与图片，再对网页布局进行设计，最后通过设置对象在页面中的对齐方式规范版式，其具体操作如下（ 微课：光盘\微课视频\项目二\在页面对齐对象.swf）。

STEP 1 新建1002×1700像素的空白文件，选择矩形工具 ，拖动鼠标绘制矩形，在属性栏中设置对象大小为"1002×1700像素"，按【Enter】键应用设置。

STEP 2 选择绘制的矩形，按【Shift+F11】组合键设置颜色CMYK值为"7、7、0、93"，在属性栏设置轮廓为"无"，选择【排列】/【对齐与分布】/【在页面居中】菜单命令，将矩形居中对其到页面中心，如图2-41所示。

STEP 3 导入"1.png"文件（素材参见：光盘\素材文件\项目二\任务二\1.png），缩放至合适大小，放置到网页的上部分，效果如图2-42所示。

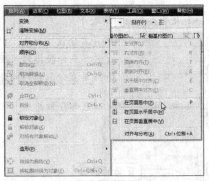  

图2-41　在页面居中对象　　　　　　　　　　　　　图2-42　导入图片

 操作提示　　除了选择命令进行对齐外，还可根据命令后提示的快捷键进行对齐，如选择对象后，按【P】键可在页面居中。

STEP 4 选择矩形工具 ，拖动鼠标绘制矩形，在属性栏中设置对象大小为"778×50像素"，按【Shift+F11】组合键设置颜色CMYK值为"18、34、44、0"，按【F12】键设置轮廓为"4px"、轮廓色CMYK值为"0、20、20、60"，按【Enter】键应用设置，如图2-43所示。

STEP 5 选择该矩形，选择【排列】/【对齐与分布】/【在页面水平居中】菜单命令，将矩形在页面水平方向进行居中，效果如图2-44所示。

图2-43　绘制图形

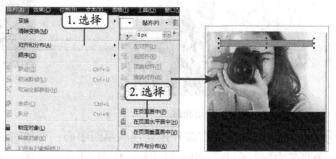

图2-44　在页面水平居中对象

STEP 6　选择表格工具 ▦，在属性栏设置行数为"1"，设置列数为"7"，沿着小矩形拖动绘制表格，效果如图2-45所示。

STEP 7　选择钢笔工具 ◙，在第一个单元格中绘制主页标志，在第四个表格处拖动鼠标绘制选中状态的标签，选择绘制的标志与标签图形，取消轮廓，填充CMYK值为"7、7、0、93"。

STEP 8　选择文本工具 ꭲ，在表格外分别输入"Home、Page1~Page6"文本，在属性栏将字体设置为"Arial"，字体大小设置为"13pt"，在第四个表格处拖动鼠标绘制选中状态的标签，选择绘制的标志与标签图形，取消轮廓，填充CMYK值为"7、7、0、93"，如图2-46所示。

图2-45　绘制表格

图2-46　制作导航条

（二）分布对齐图形与图片

完成网页大致布局后，将绘制页面元素、导入图片、排列与对齐图形和图片，使网页更加完善，其具体操作如下。（⊛微课：光盘\微课视频\项目二\分布对齐图形与图片.swf）

STEP 1　选择椭圆工具 ◯，在文本左下方按住【Ctrl】键不放拖动鼠标绘制圆，在属性栏设置轮廓为"5px"，右键单击白色色块将轮廓色填充为白色。

STEP 2　选择圆，在按住鼠标右键的同时按住【Ctrl】键不放水平拖动至右侧的辅助线上，释放鼠标右键复制圆，使用相同的方法复制其他圆，并使其水平对齐，效果如图2-47所示。

STEP 3　导入"镜头1.png～镜头4.png"文件（素材参见：光盘\素材文件\项目二\任务二\镜头1.png～镜头4.png），分别缩放至合适大小，效果如图2-48所示。

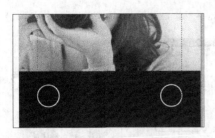

图2-47 绘制圆

图2-48 导入图片

STEP 4 按住鼠标右键并拖动镜头至圆中心，释放右键在弹出的快捷菜单中选择"图框精确裁剪内部"命令，将镜头图像裁剪到圆形中，如图2-49所示。

STEP 5 选择【排列】/【对齐与分布】/【对齐与分布】菜单命令，或按【Shift+Ctrl+A】组合键，打开"对齐与分布"泊坞窗。

STEP 6 按住【Shift】键并分别单击选择四个圆形，在"对齐与分布"泊坞窗的"分布"面板中单击"水平分散排列间距"按钮 ，将四个圆形从左右对象之间平均分布个圆形的间距，效果如图2-50所示。

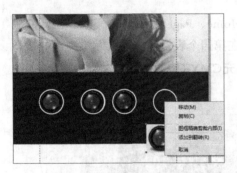

图2-49 图框精确裁剪对象

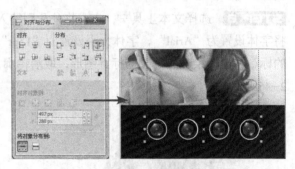

图2-50 水平分散排列间距

STEP 7 导入"相机1.png ~ 相机3.png"文件（素材参见：光盘\素材文件\项目二\任务二\相机1.png ~ 相机3.png），分别进行选择，在属性栏单击 按钮锁定纵横比例，使其显示为 形状，在属性栏将高度统一设置为"168px"，方便后面的排版，效果如图2-51所示。

STEP 8 同时选择"相机1.png ~ 相机3.png"图像，在"对齐与分布"泊坞窗的"对齐"面板中单击"顶端对齐"按钮 ，在"分布"面板中单击"水平分散排列间距"按钮 ，将图像沿上边缘对齐，且水平分散排列间距，效果如图2-52所示。

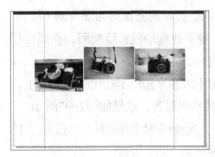

图2-51 导入并编辑图片

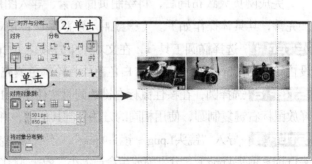

图2-52 顶端对齐与水平分散排列图片

STEP 9 导入"2.png ~ 5.png"文件（素材参见：光盘\素材文件\项目二\任务二\2.png ~ 5.png），分别进行选择，在属性栏将高度统一设置为"160px"。

STEP 10 选择"2.png"图像，在"对齐与分布"泊坞窗的"对齐"面板中单击"左对齐"按钮和"底部对齐"按钮，在"对齐对象到"栏中单击"页面边缘"按钮，将其对齐到页面左下角，效果如图2-53所示。

STEP 11 选择"5.png"图像，在"对齐与分布"泊坞窗的"对齐"面板中单击"右对齐"按钮和"底部对齐"按钮，在"对齐对象到"栏中单击"页面边缘"按钮，将其对齐到页面右下角，效果如图2-54所示。

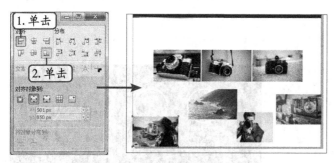

图2-53　左对齐与底端对齐页面

图2-54　右对齐与底端对齐页面

STEP 12 选择"2.png ~ 5.png"图像，在"对齐与分布"泊坞窗的"对齐"面板中单击"底部对齐"按钮，在"分布"面板中单击"水平分散排列间距"按钮，效果如图2-55所示。

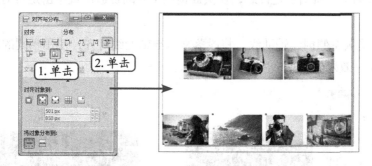

图2-55　底部对齐与水平分散排列图片

（三）添加与分布对齐文本

文本能直观地表达设计者的用意，当完成布局图片或图形等元素后，可以在网页中添加与其相关的文本，以完善网页，其具体操作如下。（微课：光盘\微课视频\项目二\添加与分布对齐文本.swf）

STEP 1 选择文本工具，在图片居中位置输入文本，在属性栏将"字体"设置为"Arial"，将"颜色"设置为"白色"，分别调整大小。

STEP 2 选择矩形工具，在文本下方拖动鼠标绘制搜索框，在属性栏将圆角设置为"10px"，取消轮廓，填充为白色。

STEP 3 选择椭圆工具◯，在搜索框左侧按住【Ctrl】键不放并拖动鼠标绘制圆。选择手绘工具✎，在圆右下角拖动鼠标绘制线条，分别选择椭圆与线条，在属性栏设置轮廓为"2px"，右键单击灰色色块，将轮廓设置为灰色。

STEP 4 选择文本工具字，在搜索框中输入文本，字体设置为"Arial"，填充为灰色，调整大小放置于搜索框中，效果如图2-56所示。

STEP 5 选择文本工具字，在中间镜头图像下方输入白色文本，在输入段落文本时，需要先拖动鼠标绘制文本框，美术文本可直接单击定位插入点后输入，分别在属性栏设置字体为"Arial"，根据需要调整字体大小，在属性栏中单击"加粗"按钮B，加粗显示标题文本，效果如图2-57所示。

图2-56　添加文本与搜索框

图2-57　输入文本

STEP 6 选择标题文本，在"对齐与分布"泊坞窗的"对齐"面板中单击"顶端对齐"按钮，在"对齐对象到"栏中单击"指定点"按钮，单击x、y数值框后的按钮，将鼠标光标移动到页面上，将出现定位线，在页面镜头下方的合适位置单击定位对齐位置，如图2-58所示。

STEP 7 在镜头左侧创建辅助线，将段落文本与辅助线对齐，使用相同的方法水平对齐下面的段落文本，效果如图2-59所示。

图2-58　指定对齐位置对齐文本

图2-59　对齐段落文本

STEP 8 选择文本工具字，在下面分别输入文本，分别在属性栏设置字体为"Arial"，根据需要调整字体大小，在属性栏中单击"加粗"按钮B，加粗显示标题文本。选择段落文本，在属性栏单击"对齐"按钮，在打开的下拉列表中选择"居中"选项。

STEP 9 使用前面的方法在页面水平居中该部分上面的文本，为下部分文本指定对齐位置并水平分散排列间距，如图2-60所示。完成后保存文件即可（最终效果参见：光盘\效果文件\项目二\任务二\摄影网站主页.cdr）。

图2-60　对齐与分布文本

　职业素养　　网页由导航条、Banner、按钮、LOGO、图片、文本等元素构成。在进行网页设计时，需要对网页整体进行规划、要求简单易用。

实训一　制作菜谱

【实训要求】

菜谱是餐厅中，商家用于介绍自己菜品的小册子，里面搭配菜图、价位、简介等信息，它是餐厅的消费指南，也是餐厅最重要的名片。在CorelDRAW中制作餐厅菜谱时，主要是通过对图形对象进行分布与对齐操作，以此来排列菜谱图片。本例制作完成后的最终效果图2-61所示。

图2-61　菜谱效果

【实训思路】

在制作时需要先新建图形文件，然后对菜谱的背景进行制作，再是导入素材图片和输入相关文本，并对图片和文本进行对齐与分布等操作。

【步骤提示】

STEP 1　新建一个431mm×279mm的空白文件，并将其保存为"菜谱.cdr"。

STEP 2　在其中导入背景图片、背景底纹、标志、菜式等图片（素材参见：光盘\素材文件\项目二\实训一\），调整至合适大小，将背景底纹放置到背景矩形中并移动各元素位置进行排列。

STEP 3 将背景图片放置到页面右侧，使用钢笔工具绘制矩形与下方的装饰区域。

STEP 4 选择菜式图形，在属性栏设置相同的高度，在"对齐与分布"泊坞窗的"分布"面板中单击"水平分散排列间距"按钮 ，平均分布菜式图形。

STEP 5 使用椭圆工具与矩形工具绘制椭圆与矩形作为文本底纹。复制并水平排列圆，在其上输入"精致品推荐"，在属性栏将文本字体设置为"叶根友毛笔行书"，填充为白色，按【Ctrl+K】组合键进行拆分，调整大小至圆内。

STEP 6 选择文本工具，分别输入菜谱、菜式名称、价格、欢迎光临、订餐热线文本，在属性栏设置字体为"微软雅黑""黑体"，调整字号大小，完成后保存文件（最终效果参见：光盘\效果文件\项目二\实训一\菜单.cdr）。

实训二　制作结婚请柬

【实训要求】

结婚请柬作为请柬的一种，是为即将结婚的新人所印制的邀请函。本实训制作一张结婚请柬，要求典雅大方，具有浓厚的喜庆氛围，制作完成后的效果如图2-62所示。

图2-62　结婚请柬效果

【实训思路】

根据设计要求，充分把握请柬的设计风格，制作时将运用到对齐、排列、镜像、旋转等知识。

【步骤提示】

STEP 1 新建图形文件，将其保存为"结婚请柬.cdr"，然后在页面中绘制大小为180mm×100mm的两个矩形，作为封面、封底和内容，并设置封面填充颜色为红色（C:3M:100 Y:100），内容矩形为黄色"0、2、13、0"。

STEP 2 使用矩形工具和修剪图形绘制一个"喜喜"的图形，然后将其与右边的矩形水平垂直居中对齐。

STEP 3 使用基本形状工具绘制心形图形，填充为红色（C:21 M:100 Y:100），镜像心形放置于封底，复制、旋转并缩放心形，进行群组，填充为红色（C:13 M:100 Y:75），选择【效果】/【图框精确裁剪】/【放置到容器中】菜单命令，单击矩形将封面的图形放置到矩形中。

STEP 4 使用矩形工具和贝塞尔工具在封面与内容页中绘制装饰线条与图形，将其填充为白色或金色（C:0 M:20 Y:60 K:20）。

STEP 5 使用步骤3的方法将内容页绘制的图形裁剪到内容页矩形中。

STEP 6 复制"请柬文本.cdr"素材（素材参见：光盘\素材文件\项目二\实训二\请柬文本.cdr）中的文本，调整大小，填充相应的颜色，放置到请柬的合适位置。

STEP 7 在内容页矩形两边绘制不同宽度的黑色矩形装饰请柬。

STEP 8 制作完成后保存文件，完成制作。（最终效果参见：光盘\效果文件\项目二\实训二\结婚请柬.cdr）。

常见疑难解析

问：在对对象进行嵌套群组后，可以选择其中的某个对象吗？

答：可以。按住【Ctrl】键并使用挑选工具单击嵌套群组中的某个对象，可以在不取消群组的情况下选择该对象。

问：在CorelDRAW X6中哪些变换操作可以再制？

答：移动、旋转、镜像、缩放以及倾斜操作都可以进行再制。

问：对对齐后的图形进行了变换操作后，可以将其恢复到变换前的状态吗？

答：可以。选择【排列】/【清除变换】菜单命令，可删除对象执行的所有变换操作，包括旋转、倾斜、缩放等。

拓展知识

如果在一个文件中需要重复使用同一个对象，除了通过复制与再制对象外，还可利用CorelDRAW中提供的创建符号功能，将该对象转换为符号，以便以后直接进行插入。且当某个符号被修改后，应用了该符号的文件也将做相应的修改。因此如果一个文件中需要大量使用某个对象，可将该对象转换为符号，大大提高工作效率。

- 创建符号：选择需要转换为符号的对象，选择【编辑】/【符号】/【新建符号】菜单命令，打开"创建新符号"对话框，在"名称"文本框中输入符号的名称，然后单击 确定 按钮即可。创建了符号后，选择【编辑】/【符号】/【符号管理器】菜单命令，在打开的"符号管理器"泊坞窗中可以看到所创建的符号。

- 插入举例：创建好符号后，便可以使用符号插入举例。其方法为选择【编辑】/【符号】/【符号管理器】菜单命令，打开"符号管理器"泊坞窗，在该泊坞窗中的列表中选择需要插入举例的符号对象，然后单击泊坞窗左下角的"插入符号"按钮圆。

● **编辑符号**：在"符号管理器"泊坞窗中可对符号进行修改。其方法为在泊坞窗中选择需要编辑的符号，单击"编辑符号"按钮圆或选择【编辑】/【符号】/【编辑符号】菜单命令即可根据需要对符号进行编辑；对符号编辑完后，选择【编辑】/【符号】/【完成编辑符号】菜单命令，完成符号的编辑操作。

● **中断举例**：中断举例即切断举例和符号之间的连接，中断举例后，如果用户对符号进行了修改，不会影响到其他文件中插入该符号的举例。这样即使修改了符号，被中断的举例也不会受到影响。其方法为选择需要中断举例的符号，选择【编辑】/【符号】/【还原到对象】菜单命令，将应用的符号与源符号中断。

● **删除符号**：在"符号管理器"泊坞窗中选择需要删除的符号对象，然后单击"删除符号"按钮圆，根据提示进行操作即可删除符号。

课后练习

（1）根据前面所学知识和你的理解，利用提供的素材制作咖啡宣传单，具体要求如下。

● 左侧的图片要求对齐页面左侧，标签图形右边缘与左侧图片的右边缘对齐。

● 将图片进行水平分散对齐，完成后效果如图2-63所示（最终效果参见：光盘\效果文件\项目二\课后练习\咖啡宣传单.cdr）。

（2）根据前面所学知识和你的理解，利用提供的素材制作音乐海报，具体要求如下。

● 页面按角度平均分布条纹。

● 相应的素材花纹应用到背景中。

● 整个页面布局整齐大方，配色合理，完成后效果如图2-64所示（最终效果参见：光盘\效果文件\项目二\课后练习\音乐海报.cdr）。

图2-63 咖啡宣传单效果

图2-64 音乐海报效果

项目三
绘制与编辑线条

情景导入

阿秀：小白，我画的这只小兔子好看吗？

小白：好萌哇！是不是画起来很繁琐呀？

阿秀：才不是啦！你只需要掌握各种曲线绘制工具的使用方法就行了，这只小兔子用的是钢笔工具勾勒的。

小白：这样呀！最近正想为我的作品配一幅插画，正犯愁呢！您让我茅塞顿开了。

学习目标

- 熟练掌握使用钢笔工具绘制基本形状的方法
- 熟练掌握通过节点编辑绘制曲线的方法
- 熟练掌握使用手绘工具和贝塞尔工具绘制线条的方法
- 熟悉艺术笔工具的使用方法

技能目标

- 能轻松绘制各种画报、封面
- 能使用各种绘图工具绘制卡通插画
- 能使用贝塞尔工具绘制各类矢量花纹

任务一 制作禁烟公益海报

禁烟公益海报是常见的公益海报，目的在于呼吁众人禁止吸烟，维护生命健康。在制作该海报时，需要涉及到一些禁烟标志、禁烟图形的制作，使用CorelDRAW中的线条工具可以绘制和编辑其中的标志和各种图形。

一、任务目标

本任务将使用手绘工具、折线工具、贝塞尔工具、B样条工具来绘制海报标志与背景形状，并切换到形状工具，编辑线条的属性与节点的属性从而得到满意的效果。通过本任务可掌握在CorelDRAWX6中使用线条绘制工具绘制需要的图形。本任务完成后的效果如图3-1所示。

图3-1 禁烟公益海报

二、相关知识

本任务制作过程中涉及到直线、曲线、节点、手绘工具、折线工具、贝塞尔工具、形状工具的使用，下面对这些工具进行简单介绍。

（一）认识直线、曲线与节点

在CorelDRAW X6中，线条是构成矢量图最基本的元素，使用绘图工具不仅可以绘制直线，还可绘制曲线。而节点是控制线条起始端点、弯曲位置必不可少的要素，下面分别进行介绍。

● **直线**：直线表示两点间的最短距离，在几何图形中比较常见。
● **曲线**：曲线是动点运动时方向连续变化所构成的线段。

● **节点**：节点是指分布在线条上的小方块，用于控制线条的形状，使用形状工具选择节点，在节点两端将出现蓝色的虚线，即节点控制柄。使用形状工具选中节点后通过拖动控制柄可以调整图形的形状，如图3-2所示。

图3-2　节点与控制柄

（二）认识节点属性

CorelDRAW X6中，节点的属性设置主要通过形状工具的属性栏进行，使用形状工具选择一条曲线，其属性栏如图3-3所示，其中各按钮的含义如下。

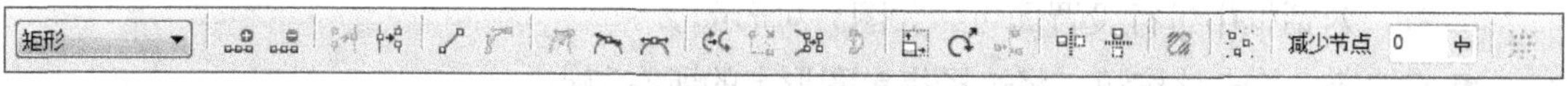

图3-3　形状工具属性栏

● 按钮：单击该按钮，可在线条上增加一个节点。

● 按钮：单击该按钮，可在线条上删除一个节点。

● 按钮：单击该按钮，可将选择的两个节点合并为一个节点。

● 按钮：单击该按钮，将曲线上的一个节点分为两个节点，将原曲线断开为两段曲线，方便分别编辑这两条曲线，如图3-4所示。

● 按钮：可将断开的两曲线节点由一条线段连接起来，形成闭合曲线，如图3-5所示未连接前后的效果。

图3-4　断开节点

图3-5　连接两端节点

● 按钮：单击该按钮，可将曲线段转换为直线。

● 按钮：单击该按钮，可将直线变为曲线。拖动节点一边的控制手柄，另一边也将随着变化，并生成平滑的曲线。

● 按钮：单击该按钮后，转换为尖突节点，拖动节点一边的控制手柄，另外一边的曲线将不会发生变化，常用于制作尖角，如图3-6所示。

● 按钮：单击该按钮后，转换为平滑节点，移动节点一边的控制手柄，另外一边的线条也跟着移动，它们之间的线段将产生平滑的过渡，如图3-7所示。

● 按钮：单击该按钮后，转换为对称节点，对节点一边的控制手柄进行编辑时，另一边的线条也作相同频率的变化，如图3-8所示。

图3-6 尖突节点

图3-7 平滑节点

图3-8 对称节点

- **⬚按钮**：使节点变为旋转倾斜状态，在相应的控制点处拖动鼠标即可旋转倾斜所选择的节点。
- **⬚按钮**：选择需要对齐的多个节点，然后单击属性栏中的⬚按钮，在打开的"节点对齐"对话框中进行设置即可，如图3-9所示。
- **⬚按钮**：单击该按钮，将选择指定图形上的所有节点。
- **⬚按钮**：同时选择水平方向对应的两个节点，单击该按钮，调整水平任意一个节点时，另一个节点发生相应变化，如图3-10所示。

图3-9 对齐节点

图3-10 反射节点

- **⬚按钮**：单击该按钮，调整垂直任意一个节点时，另一个节点也将发生相应变化。
- **"减少节点"数值框**：框选择多个节点，或按住【Ctrl】键单击选择多个节点后，在该数值框中可设置减少节点的数量。

（三）手绘工具

手绘工具⬚提供了最直接的绘图方法。选择工具箱中的手绘工具⬚（或按【F5】键）后，在绘图区中拖动鼠标即可绘制出直线、曲线、折线，其绘制方法分别介绍如下。

- **绘制直线**：分别在起点和终点位置单击可绘制两点间任意角度的直线，在确定起点后按住【Ctrl】键的同时移动鼠标到所需位置可绘制水平或垂直线条。
- **绘制曲线**：在起点按住鼠标左键不放拖动鼠标，将按鼠标光标移动轨迹绘制曲线，绘制完成后释放鼠标左键即可。
- **绘制折线**：在绘制连续的折线时可在终点双击鼠标继续进行绘制。

选择绘制的线条，在手绘工具的属性栏中可以设置线条起始端、线条终端、线形、线条的宽度和手绘平滑度等属性，如图3-11所示。

图3-11 手绘工具属性栏

- **起始箭头与结束箭头**：在该下拉列表框中可分别选择线条两端的箭头样式，如图3-12所示。
- **线条样式**：在该下拉列表框中可将线条设置为虚线样式，如图3-13所示。

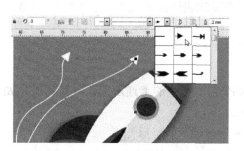

图3-12　选择起始箭头与结束箭头　　　　　图3-13　设置线条样式

- **线条粗细**：在该下拉列表框中可输入或选择线条的粗细值。
- **手绘平滑度**：在绘制曲线前，通过该数值框设置线条的平滑程度，值越大，节点越少，曲线越平滑。

（四）贝塞尔工具和3点曲线工具

使用贝塞尔工具可以提高绘制线条的精确度。其绘制方法较简单，分别介绍如下。

- **绘制直线或连续线段**：使用贝塞尔工具 在绘图窗口中依次单击，即可绘制直线或连续的线段。
- **绘制曲线**：单击鼠标左键可确定线的起始点，然后移动鼠标指针到合适位置后再次单击并拖曳，即可在节点的两边各出现一条控制柄，如图3-14所示，同时形成曲线。移动鼠标光标后依次单击并拖曳，即可绘制出连续的曲线，如图3-15所示。
- **绘制封闭与未闭合曲线**：当将鼠标光标放置在创建的起始点上单击，即可将曲线闭合为图形，如图3-16所示。在没有闭合图形前，按【Enter】键、空格键或选择其他工具，即可结束操作生成曲线。

图3-14　出现的控制柄　　　图3-15　绘制的连续曲线　　　图3-16　闭合曲线

选择工具箱中的3点曲线工具 ，在绘图区中按住鼠标左键不放，向任意方向拖曳，确定曲线的两个端点，至合适位置后释放鼠标，再移动鼠标指针确定曲线的弧度，至合适位置后再次单击即可绘制曲线段。

（五）折线工具与B样条工具

选择工具箱中的折线工具 ，在绘图区中依次单击，可创建连续的线段；在绘图区中拖曳鼠标指针，可沿鼠标指针移动的轨迹绘制曲线。在终点处双击鼠标，可结束操作；如果将鼠标指针移到创建的起始点位置单击，也可将绘制的线形闭合，生成不规则的图形。

B样条工具可以通过两条直线连续地描绘多个节点曲线的轨迹。其使用方法为选择B样条工具，在绘图区按住鼠标左键不放并拖动鼠标绘制出曲线轨迹，在需要变换的地方单击鼠标，添加一个轮廓控制点，继续拖动即可改变曲线轨迹。

三、任务实施

（一）手绘线条

下面将在文档中使用手绘工具直接绘制禁烟公益海报上的卡通形象，其具体操作如下。
（●微课：光盘\微课视频\项目三\手绘线条.swf）

STEP 1 新建A4大小的纵向文件，将其保存为"禁烟公益海报.cdr"。

STEP 2 选择手绘工具，在页面左上角按住鼠标左键不放，拖动鼠标绘制长宽约40mm的禁烟标志，绘制完第一条线段后释放鼠标，继续在结束节点位置单击，继续绘制连接的第二条线段，如图3-17所示。

STEP 3 绘制完一条连续的线段后释放鼠标，将鼠标光标移至其他位置绘制卡通形状的其他线段，在绘制直线段时，先在起始点单击确定线条起始节点，将鼠标光标移至线条终点单击，如图3-18所示。

图3-17 绘制连续的曲线线段　　　　　　　　　　　　　　图3-18 绘制直线

STEP 4 使用相同的方法绘制卡通形象中所有的连续线段、曲线和直线，效果如图3-19所示。

STEP 5 拖动鼠标框选绘制的卡通形象，按【F12】键打开"轮廓笔"对话框，在"宽度"下拉列表中选择"1.0mm"选项，单击 确定 按钮如图3-20所示。

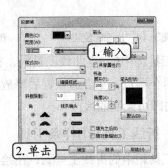

图3-19 绘制的卡通形象　　　　　　　　　　　図3-20 设置线条轮廓与轮廓色

（二）编辑线条

绘制线条后，其形状可能不能尽如人意，这时可使用形状工具移动、删除、添加线条的节点、更改节点的属性等，来更改曲线的形状与走向，其具体操作如下。（微课：光盘\微课视频\项目三\编辑线条.swf）

STEP 1 选择绘制的某一个曲线图形，然后按【F10】键切换到形状工具，此时的鼠标指针变为形状。

STEP 2 单击选择图形中需要调整的节点，按住鼠标左键将其拖动至合适位置，然后单击其属性栏中的"平滑节点"按钮，此时该节点转换为平衡节点，拖动节点一边的控制手柄时，另外一边的线条也要跟着移动，且之间的线段会产生平滑的过渡，如图3-21所示。

STEP 3 继续调整线段的其他节点，拖动控制柄两端的箭头可调整线段曲线的弧度，如图3-22所示。

STEP 4 调整完成后框选卡通形象，按【Ctrl+L】组合键合并绘制的线条。

图3-21 更改节点类型　　　　图3-22 更改曲线弧度

操作提示 　在使用形状工具时，将鼠标指针移至有节点的位置处时，其节点外有一个小的蓝色空心正方形，单击选择后则变为实心的蓝色正方形；按住鼠标左键不放拖动或按住【Shift】键依次单击需要选择的节点可选择多个节点；按【Home】键将选择路径中的第一个节点，按【End】键则选择路径中的最后一个节点。

STEP 5 框选卡通形象，按【Ctrl+Shift+Q】组合键将线条转换为对象，按【F10】键切换到形状工具，便于调整不一样粗细的线条效果，如图3-23所示。

STEP 6 在线段上双击鼠标添加节点用于造型，双击多余的节点可删除节点，在需要转换为直线的线段上单击鼠标右键，在弹出的快捷菜单中选择"转换为直线"命令。在需要转换为曲线的直线线段上单击鼠标右键，在弹出的快捷菜单中选择"转换为曲线"命令，将线段转换为曲线，如图3-24所示。

操作提示 　按【Ctrl+Shift+Q】组合键将线条转换为对象后，用户可使用形状工具对线条的粗细、形状进行编辑。

图3-23　将线条转换为对象　　　　　　　　图3-24　转换曲线与直线

（三）使用折线工具和贝塞尔工具绘制背景

为了提高绘制线条的准确性，在绘制时，可使用折线工具和贝塞尔工具来控制线条的弧度，下面将使用这两个工具绘制禁烟海报的背景图形，其具体操作如下。（✿微课：光盘\微课视频\项目三\使用折线工具和贝塞尔工具绘制背景.swf）

STEP 1　选择折线工具▲，分别沿页面的四角单击绘制页面背景矩形，按【Shift+F11】组合键打开填充对话框，设置背景填充CMYK值为"0、24、95、0"，右键单击色板中的⊠色块取消轮廓，效果如图3-25所示。

STEP 2　按住工具箱中的手绘工具🖉不放，在其展开的工具箱中单击贝塞尔工具🖉，移动鼠标指针至绘图区中，当其变为十形状时，单击定位起点，在另一点单击可绘制直线，继续将鼠标光标移动到合适的位置后按住鼠标左键不放并拖动，可绘制出一条曲线，如图3-26所示。

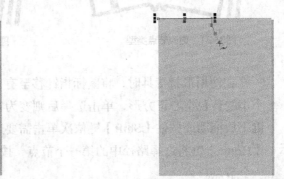

图3-25　使用折线工具绘制矩形　　　　　图3-26　使用贝塞尔工具绘制背线条

在绘制曲线的过程中，需要对控制手柄的弯曲度有所识别。

①控制手柄的方向决定曲线弯曲的方向，控制手柄在下方时，曲线向下弯曲；反之则向上弯曲。

②控制手柄离曲线较近时，曲线的曲度较小；控制手柄离曲线较远时，曲线的曲度则较大。

③曲线的控制手柄可分左右两个，蓝色的箭头非常形象地指明了曲线的方向。

知识补充

STEP 3　继续拖动鼠标绘制吸烟剪影，回到绘制起点，得到封闭的图形，将其填充为黑色，在属性栏中将轮廓粗细设置为"1.00mm"，右键单击色板中的白色色块将轮廓设置为白色，效果如图3-27所示。

STEP 4 选择贝塞尔工具，在合适位置单击，拖动鼠标绘制手部曲线，绘制完成后在终点双击鼠标结束该段曲线的绘制，将轮廓粗细设置为"1.00mm"，轮廓色设置为"白色"，装饰剪影，效果如图3-28所示。

图3-27　使用折线工具绘制矩形

图3-28　使用贝塞尔工具绘制背线条

（四）使用B样条工具绘制曲线

制作标志后，下面使用折线工具和贝塞尔工具来绘制禁烟海报的背景图形，其具体操作如下。（微课：光盘\微课视频\项目三\使用B样条工具绘制曲线.swf）

STEP 1 选择B样条工具，鼠标光标变为 形状，将鼠标光标移动到香烟右侧单击鼠标确定起点，在曲线弯曲位置单击确定弯曲的弧度，继续在需要弯曲的位置单击绘制光滑的曲线，作为香烟烟雾，如图3-29所示。

STEP 2 一条曲线绘制完成后双击终点完成绘制，使用相同的方法继续绘制其他烟雾，将轮廓粗细设置为"1.00mm"，如图3-30所示。

图3-29　使用B样条工具绘制烟雾曲线

图3-30　烟雾效果

STEP3 框选背景图像，单击鼠标右键，在弹出的快捷菜单中选择"锁定对象"命令锁定背景，按【Shift+PageDown】组合键将其置于底层，将前面绘制的禁烟标志移动到页面右上角，如图3-31所示。

STEP 4 打开"禁烟口号.cdr"文本文件（素材参见：光盘\素材文件\项目三\任务一\禁烟口号.cdr），复制其中的文本到如图3-32所示的位置。选择"珍爱生命　远离香烟"文本，在色板中单击白色色块更改为白色，选择"燃烧的是香烟　消耗的是生命"文本，在属性栏单击"将文本更改为垂直方向"按钮，移动文本位置并保存文档，完成本例的制作（最终效果参见：光盘\效果文件\项目三\任务一\禁烟公益海报.cdr）。

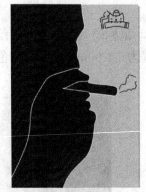

图3-31 锁定背景并放置图标

图3-32 添加与编辑文本

职业素养

海报主要分为商业海报和社会公益海报两大类型。商业海报重于追求经济效益，受大众产品限制，而公益海报为设计师提供了无限创意的空间，同时也成为现代设计文化和观念的传播者。

任务二 设计服装设计封面

使用线条绘制工具可以绘制一些效果图与结构图，本任务将使用钢笔工具、艺术笔工具和度量工具对服装的封面进行设计。

一、任务目标

本任务将使用钢笔工具、艺术笔工具和度量工具来制作服装设计封面，制作时先利用钢笔工具创建服装效果图轮廓，再使用艺术笔修饰面料，然后对结构图进行绘制，并使用度量工具度量结构尺寸，最后绘制封面背景、添加封面文本完成制作。通过本任务的学习，可以掌握钢笔工具、艺术笔工具、度量工具和条形码的用法。本任务制作完成后的最终效果如图3-33所示。

图3-33 服装设计封面

二、相关知识

本任务涉及到一些线条绘制工具和测量工具的使用，下面简单介绍线条绘制工具和测量工具的相关知识，以帮助快速完成本例的服装设计封面制作。

（一）钢笔工具

钢笔工具 🖉 和贝塞尔工具 🖋 的功能和使用方法完全相同，只是钢笔工具 🖉 相比贝塞尔工具 🖋 更好控制，且在绘制图形过程中可预览鼠标指针的拖曳方向、自动添加或删除节点，以及在绘制过程中编辑曲线，分别介绍如下。

- **进入预览模式**：在钢笔工具 🖉 的工具属性栏中单击选中"预览模式"按钮 🔳，在绘制线条时将出现蓝色的预览线，预览鼠标指针的拖曳方向和拖拽路径，如图3-34所示。
- **自动添加或删除节点**：在钢笔工具 🖉 的工具属性栏中单击"自动添加或删除节点"按钮 🔳，将鼠标光标移至线条无节点的位置，鼠标光标呈 📍 形状，单击可快速添加节点，将鼠标光标移至线条的节点上，鼠标光标呈 📍 形状，单击可自动删除该节点，如图3-35所示。

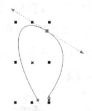　　　　　　　　　　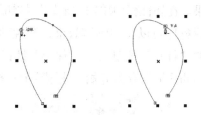

　　图3-34　进入预览模式　　　　　　　　图3-35　自动添加或删除节点

- **编辑曲线**：选择钢笔工具 🖉 后，按住【Ctrl】键可使用形状工具编辑已有或正在绘制的线条，其编辑方法与形状工具的编辑方法相同。

（二）艺术笔工具

使用艺术笔工具可以一次性创造图案和笔触效果。艺术笔工具属性栏提供了预设、笔刷、书法、喷涂和压力5种样式，不同的样式可以创建出不同的绘制效果。下面分别进行介绍。

1. 预设

该种笔触模式用于绘制基于预设样式的形状而改变笔形的线条，主要模拟笔触在开始和末端粗细变化。在属性栏中单击"预设"按钮 🔳，设置好相应属性参数，如图3-36所示。然后在绘图窗口中按住鼠标左键并拖动，即可绘制出像毛笔绘制的线条样式，其参数分别介绍如下。

图3-36　艺术笔工具预设属性栏

- **"手绘平滑"数值框**：设置线条的平滑度，最大值为"100"。
- **"笔触宽度"数值框**：设置艺术笔笔触的宽度。
- **"预设笔触"列表框**：选择艺术笔的样式。
- **"随对象一起缩放"按钮**：选择艺术笔的绘制对象后，单击该按钮可在缩放对象时一起缩放艺术笔宽度，图3-37所示为单击该按钮前后的缩放效果。

图3-37　随对象一起缩放前后的缩放效果

- **"边框"按钮**：单击选中该按钮将隐藏绘制对象周边的黑色控制点。

2. 笔刷

笔触模式提供了多种笔刷笔触样式，可以模拟笔刷绘制的效果，方便绘制各种不同样式的特殊效果。在属性栏中单击"笔刷"按钮，选择笔刷类型与样式，设置好相应属性参数后，拖动鼠标即可以得到画笔效果，笔触颜色可在调色板中设置，如图3-38所示。通过单击属性栏的"打开"按钮、"保存"按钮，或"删除"按钮可打开文件夹自定义的笔刷、将绘制的图形保存为笔刷，或删除笔刷样式列表中自定义的笔刷。

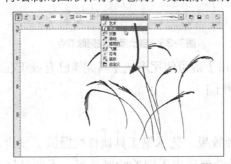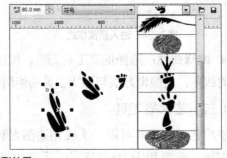

图3-38　笔刷效果

3. 喷涂

喷涂是指通过喷射一组图案进行绘制，其提供的艺术效果丰富，在属性栏中单击"喷涂"按钮，在属性栏中设置喷涂类型、喷射图样、喷涂对象大小、喷涂对象间距、喷涂列表、顺序等参数后，拖动鼠标即可以得到喷涂效果，如图3-39所示。

图3-39　喷涂效果

在属性栏单击"喷涂列表选项"按钮 可在打开的对话框中添加需要组合的图案、调整图案组合的顺序等。

4. 书法

在属性栏中单击"书法"按钮 ，可以绘制出类似书法笔触效果的线条，在属性栏中可以设置笔触的宽度和书法角度，如图3-40所示。

5. 压力

在属性栏中单击"压力"按钮 ，可以模拟笔的压力效果，创作出自然的手绘效果，从而得到不一样的艺术效果，适合于表现细致且变化丰富的线条，如图3-41所示。

图3-40 书法效果

图3-41 笔刷效果

（三）度量工具

度量工具主要用于为工程图、平面效果图、产品结构图等标注尺寸、角度等。尺寸标注是工程图中必不可少的部分，它不仅可以显示对象的长度和宽度等尺寸信息，还可以显示出对象之间的距离，这样可为实施设计方案提供准确的依据。

1. 各度量工具作用

右键单击平行度量工具 后，将展开度量工具组，各工具作用分别介绍如下。

● **平行度量工具** ：测量直线或斜线的尺寸。

● **水平或垂直尺度工具** ：测量对象的横向和纵向尺寸。

● **角度度量工具** ：测量对象的角度。

● **线段度量工具** ：标注对象线段尺寸。

● **3点标注工具** ：可通过绘制旁引线来为对象添加注解。

2. 设置度量属性

选择度量工具后，在其属性栏中可设置度量精度、单位等度量参数，如图3-42所示。主要属性介绍如下。

图3-42 度量工具属性栏

● **"度量样式"下拉列表框**：在该下拉列表框中可选择所需的度量样式。

● **"度量精度"下拉列表框**：在该下拉列表框中可设置标注数值小数点后的位数。

- ● **"尺寸单位"下拉列表框**：在该下拉列表框中可以选择度量标注线的尺寸单位。
- ● **"显示尺度单位"按钮**▣：默认状态下该按钮为下陷状态，单击该按钮使其呈弹起状态，将隐藏标注数值的单位。
- ● **"前缀和后缀"文本框**：可在"前缀"或"后缀"文本框中输入文字、数字或符号，输入的文本将显示在标注数值的字首或字尾。
- ● **"动态度量"按钮**▥：单击该按钮将激活尺寸标注属性栏选项，默认状态为下陷状态。
- ● **"文本位置"按钮**▤：单击该按钮将在打开下拉列表框中选择标注文本的位置。

（四）连接器工具

除了使用线条工具创建连接线，还可使用连接器工具进行创建，方便在两个对象之间建立连接，并且创建连接线后，移动对象时，连接线会自动变换，以保持连接状态，根据连接线条的不同可以分为以下连接器工具。

- ● **直线连接器工具**▣：用于绘制直线连接，绘图区中的对象四周将出现红色的锚点，在一个节点或锚点上拖动鼠标到另一个锚点或节点处单击，即可在两个锚点或节点之间创建连接线，如图3-43所示。
- ● **直角连接器工具**▣：用于绘制折线连接，使用方法与直线连接器工具相同，效果如图3-44所示。

图3-43 直线连接

图3-44 直角连接

- ● **直角圆形连接器工具**▣：用于绘制曲线连接，使用方法与直线连接器工具相同。
- ● **编辑锚点工具**▢：通过编辑锚点来修改连接线。在对象上双击鼠标可添加锚点、按【Delete】键可删除锚点，通过按住鼠标左键不放，拖动锚点的位置可改变连接线。

三、任务实施

（一）使用钢笔工具绘制服装设计图轮廓

在绘制一些复杂的线条时，为了方便自由绘制直线与曲线，以及在绘制过程中编辑绘制的曲线，提高工作效果，可使用钢笔工具来绘制。下面将绘制封面中服设计图的轮廓，其具体操作如下。（ ⊕微课：光盘\微课视频\项目三\使用钢笔工具绘制服装设计图轮廓.swf ）

STEP 1 新建一个大小为260mm×185mm图形文件，将其保存为"服装设计封面.cdr"。

STEP 2 将鼠标光标移动到页面中的一点，按住工具箱中的手绘工具▣不放，在其展开的工具条中单击钢笔工具▣，在工具属性栏中单击"预览模式"按钮▣，将鼠标指针移到绘图区中心线右侧，鼠标指针变为▲形状，单击鼠标左键指定起点后，移动鼠标指针到适当位置后，可预览线条效果，如图3-45所示。

STEP 3 单击可指定直线的第二个节点，按住鼠标左键不放进行拖动，可绘制曲线，如图3-46所示。

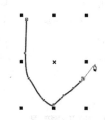

图3-45　绘制轮廓

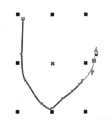

图3-46　绘制曲线

STEP 4 继续进行曲线绘制，当绘制错误时，可按【Ctrl+Z】组合键撤销当前绘制的操作，在绘制时按住【Ctrl】键可使用形状工具的编辑方法，编辑绘制的线条。释放【Ctrl】键可恢复钢笔工具进行继续绘制。使用该方法继续对身体轮廓进行绘制，如图3-47所示。

STEP 5 在需要结束的线段末端双击结束该线段的绘制，继续使用钢笔工具绘制模特外轮廓线条，效果如图3-48所示。

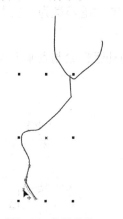

图3-47　编辑曲线

图3-48　轮廓效果

STEP 6 使用钢笔工具绘制模特的眼睛、嘴巴、衣服的结构线等细节线条，效果如图3-49所示。

操作提示　　在绘制复杂图形的轮廓时，为了达到满意的绘图效果，快速得到想要的效果，可在草稿纸上绘制草图，再进行轮廓的绘制。

STEP 7 完成绘制后继续绘制模特的背面轮廓，框选绘制的所有线条，按【F12】键打开"轮廓笔"对话框，在"宽度"下拉列表中输入"0.75mm"，单击 确定 按钮，效果如图3-50所示。

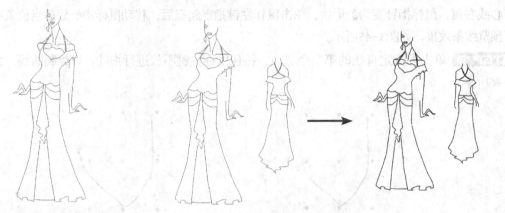

图3-49　绘制细节线条　　　　　　　　　　　　　图3-50　加粗轮廓效果

（二）使用艺术笔装饰面料

　　绘制线条后，为了体现服装设计的款式、材料等内容，需要对其面料进行处理。下面将使用艺术笔工具来装饰服装效果图，其具体操作如下。（⊛微课：光盘\微课视频\项目三\使用艺术笔装饰面料.swf）

STEP 1　选择工具箱中的艺术笔工具 ，然后在其属性栏中单击"艺术笔"按钮 ，依次设置平滑度为"100"、画笔宽度为"0.762mm"、艺术笔类型为"艺术"，并选择如图3-51所示的艺术笔样式。

STEP 2　由褶皱的末端开始按住鼠标左键不放，拖动鼠标绘制衣服上的折子，使用形状工具编辑绘制的折子，效果如图3-52所示。

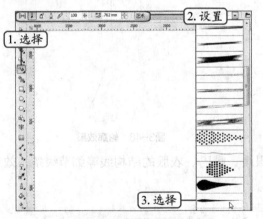

图3-51　选择艺术笔样式

图3-52　使用预设画笔绘制衣服上的折子

STEP 3　在工具箱中选择智能填充工具 ，在属性栏将填充色设置为黑色，单击上衣与裙子衬层，创建填充区域，效果如图3-53所示。

STEP 4　选择手绘工具 ，在页面空白处拖动鼠标绘制如图3-54所示的花朵形状，在工具箱中选择智能填充工具 ，并在属性栏将填充色的CMYK值设置为0、0、0、70，单击花瓣，创建填充区域，选择绘制的花朵图形，右键单击色板中的⊠色块取消轮廓。

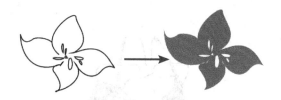

图3-53　智能填充对象　　　　　　　　　　　图3-54　绘制花朵笔刷

STEP 5 　选择花朵图形，在艺术笔工具 的属性栏中单击"保存为艺术笔触"按钮 ，打开"另存为"对话框，设置保存名称为"花朵"，保持默认路径，单击 保存(S) 按钮，如图3-55所示，完成笔刷的保存。

STEP 6 　在艺术笔工具 属性栏的"艺术笔类型"下拉列表框中选择"自定义"选项，在其后的下拉列表框中选择保存的笔刷样式，如图3-56所示。

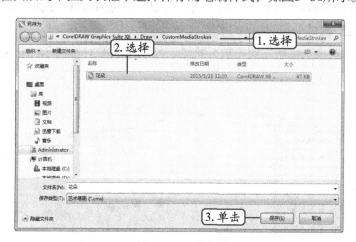

图3-55　保存花朵笔刷

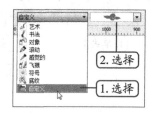

图3-56　选择保存的笔刷样式

知识补充

　　　　　用户除了可将创建的单一的对象保存为笔刷笔触外，还可创建多个对象并将其群组在一起保存为笔刷笔触。此外，还可在网上下载一些笔刷笔触效果，将其储存到系统盘的以下路径中备用。

　　　　　Users\Administrator\AppData\Roaming\Corel\CorelDRAW Graphics Suite X6\Draw\CustomMediaStrokes

STEP 7 　在上衣的黑色区域拖动鼠标绘制花朵笔触，通过设置属性栏的"笔刷宽度"的大小控制花朵大小，通过拖动方向与拖动绘制的线条的长短控制花朵的形态，效果如图3-57所示。

STEP 8　绘制花朵后，可通过形状工具编辑花朵路径线条来改变花朵效果，绘制完成后的效果如图3-58所示。

图3-57　绘制花朵笔触

图3-58　绘制完成后的效果

STEP 9　选择工具箱中的艺术笔工具，然后在其属性栏中单击"喷涂"按钮，在属性栏中的"喷涂对象大小"数值框中输入"100"，在"喷涂类型"下拉列表框中选择"植物"选项，在其后的下拉列表中选择如图3-59所示的图形。

STEP 10　然后在页面中任意位置按下鼠标左键不放并拖动，绘制出如图3-60所示的花朵效果。

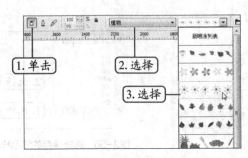

图3-59　选择喷涂样式

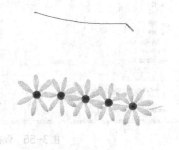

图3-60　绘制喷涂花朵

操作提示　　在绘制多个对象组合的喷涂图样时，注意在拖动时将线形拖曳得长一些，以便显示多个花朵图样。

STEP 11　选择绘制的喷涂图样，将其填充为黑色，在属性栏单击"随对象一起缩放"按钮，拖动四角的控制点，将其缩放到上衣衣领边缘，效果如图3-61所示。

STEP 12　按【Ctrl+K】组合键将喷绘出的花朵效果分离，如图3-62所示，然后按【Esc】键取消所有对象的选择状态，并使用形状工具选择曲线路径，按【Delete】键删除。

图3-61 缩放到上衣衣领边缘

图3-62 分离喷涂图样与路径

STEP 13 按【Ctrl+U】组合键群取消喷涂的群组效果，分别调整花朵的位置和大小，效果如图3-63所示。

STEP 14 利用相同的方法继续绘制如图3-64所示的喷涂样式。将颜色填充为"0、0、0、30"，按【Ctrl+G】组合键群组。

图3-63 调整图样的位置和大小

图3-64 群组喷涂花朵

STEP 15 调整其大小后，在其中心按住鼠标右键拖动至裙子里层图形中心处释放鼠标，在弹出的快捷菜单中选择"图框精确裁剪内部"命令，效果如图3-65所示。

STEP 16 将喷涂花样裁剪到裙子上，完成服装面料的装饰，效果如图3-66所示。

图3-65 裁剪喷涂花纹

图3-66 服装设计效果图

（三）度量服装结构图

为了将设计的服装效果制作成成衣，需要对其结构进行分析，使其更加完整，其中，服装结构图是其分析结构的体现。下面将使用钢笔工具绘制一个女装的基本服装上衣结构原型图（规格160/84A 绘图比例1:10），绘制完成后使用度量工具进行度量，其具体操作如下。

（💿微课：光盘\微课视频\项目三\度量服装结构图.swf）

STEP 1 选择手绘工具，单击定位起点，按住【Ctrl】键不放的同时单击绘制垂直线条，在属性栏的"对象高度"数值框中输入"38mm"，按【Enter】键完成线条高度设置，如图3-67所示。

STEP 2 使用相同的方法绘制结构图的大致尺寸，具体尺寸参见后面的度量值，如图3-68所示。

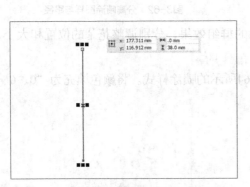

图3-67 绘制固定长度的水平线

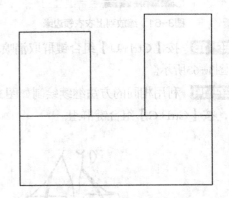

图3-68 结构图的大致尺寸

操作提示

在确定直线的起点后，移动鼠标指针至其他位置时，如果按住【Ctrl】键，所画直线的角度会以15°为步长变化，这样就可以绘制出有一定标准斜度的直线。

STEP 3 继续绘制肩斜、开领、肩省、胸省等具体结构线，选择辅助线，在属性栏将其设置为"细线"。

STEP 4 在度量工具组选择线段度量工具，在属性栏依次将度量精度、度量单位、前缀、轮廓、箭头设置为"0.00、mm、背长、细线、无箭头"，单击右侧的线条并向右拖动开始度量线段长度，如图3-69所示。

STEP 5 选择度量文本，在属性栏将数字与单位文本格式设置为"Arial、3pt"，如图3-70所示。

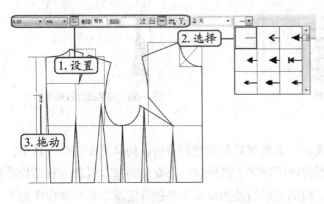

图3-69 设置度量参数

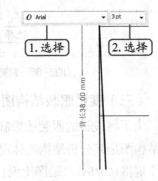

图3-70 设置文本格式

STEP 6 在度量工具组选择平行度量工具 ✐ ，在属性栏依次将度量精度、度量单位、前缀、轮廓、箭头设置为 "0.00、mm、B/8+7.4=（该值根据度量对象进行设置）、细线、无箭头"。

STEP 7 在需要测量的线条的起点，按住鼠标左键不放沿着线条拖动至结束位置释放鼠标左键确定测量的距离，再继续拖动，确定标注位置后单击完成测量，效果如图3-71所示。

STEP 8 在度量工具组选择角度度量工具 ◳ ，在属性栏依次将轮廓、箭头设置为 "细线、无箭头"，在相交点按住鼠标左键不放沿着角的一边进行拖动，至合适位置后单击鼠标，将鼠标光标移动到角另一边上，双击鼠标完成测量，效果如图3-72所示。

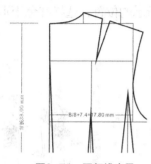

图3-71　平行线度量

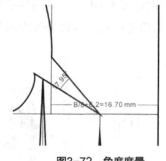

图3-72　角度度量

操作提示　　　本例也可以使用水平与垂直度量工具来测量水平直线和垂直直线，其测量方法与水平线度量工具的测量方法相同。

STEP 9 在度量工具组选择3点标注工具 ☑ ，在属性栏依次将轮廓、箭头设置为 "细线、无箭头"。在需要标注起点位置处按住鼠标左键不放拖动至标注位置释放鼠标，再移动到需要标注的另一点，单击鼠标完成标注线的添加，完成后在其中输入标注文本。

STEP 10 选择标注线条，按【Ctrl+K】组合键拆分标注文本与标注线条，选择标注的文本，并在属性栏将标注文本的字符格式设置为 "Arial、3pt"，移至合适位置，效果如图3-73所示。

STEP 11 按照以上方法，使用度量工具组中的工具继续为结构图中其他部分添加度量或标注，添加完成后的效果如图3-74所示。

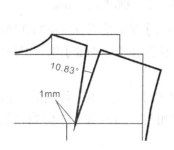

图3-73　设置文本标注

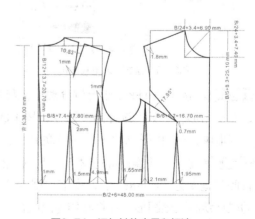

图3-74　添加其他度量和标注

（四）布局封面

在绘制完封面上的插画图形后，需要对其进行布局并添加封面中图形、文本等对象，其具体操作如下。（🎬微课：光盘\微课视频\项目三\布局封面.swf）

STEP 1 双击矩形工具□绘制页面大小的矩形，选择矩形工具□，拖动鼠标绘制书脊矩形和版面装饰矩形，选择绘制的矩形，右键单击调色板中的色块取消轮廓，再分别填充为"19、59、0、0""41、3、75、0"，移动服装效果图和结构图到如图3-75所示的位置。

STEP 2 打开提供的"封面设计文本.cdr"文件（素材参见：光盘\素材文件\项目三\任务二\封面设计文本.cdr），复制其中的文本到封面如图3-76所示的位置，选择红色矩形上的文本，单击白色色块，将其更改为白色。

图3-75 布局封面   图3-76 复制文本

STEP 3 选择工具箱中的艺术笔工具🖊，然后在其属性栏中单击"艺术笔"按钮🖉，依次设置画笔宽度为"8 mm"、艺术笔类型为"艺术"，选择如图3-77所示的艺术笔样式。

STEP 4 按住【Ctrl+Shift】组合键不放，在封面正面的左上角拖动鼠标绘制水平的艺术笔样式，绘制出如图3-78所示的图样效果。

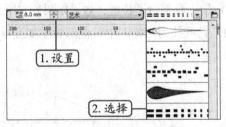
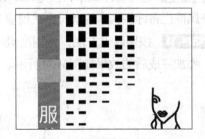

图3-77 选择艺术笔触样式   图3-78 绘制艺术笔触效果

STEP 5 按【Ctrl+K】组合键分离路径与对象，然后按【Esc】键取消所有对象的选择状态，并使用形状工具▶选择曲线路径，按【Delete】键删除，继续按【Ctrl+K】组合键拆分各个矩形块，分别填充如图3-79所示的颜色。

STEP 6 选择工具箱中的艺术笔工具🖊，然后在其属性栏中单击"艺术笔"按钮🖉，依次设置画笔宽度为"8 mm"、艺术笔类型为"飞溅"，再选择如图3-80所示的艺术笔样式，拖动鼠标绘制飞溅图形，并将其作为出版社的标志。

图3-79 拆分与填充艺术笔触

图3-80 绘制喷溅图形

STEP 7 使用线条工具绘制不同粗细的线条，选择椭圆工具 ⬭，绘制椭圆，分别选择线条，右键单击调色板中的色块，设置线条颜色，选择椭圆，右键单击⊠色块取消轮廓，填充为如图3-81所示的图形。

STEP 8 框选绘制线条与椭圆，按【Ctrl+Q】组合键进行群组，按住鼠标右键，将其拖动至封面背面左侧释放鼠标，在弹出的快捷菜单中选择"图框精确裁剪到内部"命令，裁剪效果如图3-82所示。

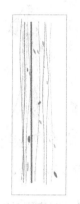

图3-81 绘制装饰线条与椭圆

图3-82 裁剪到封面背面

（五）插入条码

条码是指将宽度不等的多个黑条和空白，按照一定的编码规则排列，用以表达一组信息的图形标识符，常用于对零售商品、非零售商品、资产及服务等进行全球唯一标识，书籍封面也需要添加条形码。下面利用CorelDRAW的插入条码功能为封面添加条形码，其具体操作如下。（❂微课：光盘\微课视频\项目三\插入条码.swf）

STEP 1 选择【编辑】→【插入条码】菜单命令，打开"条码向导"对话框，选择标准格式并输入条码数据，单击 下一步 按钮，如图3-83所示。

STEP 2 在打开的对话框中设置打印机分辨率、单位、缩放比例、条形码高度、宽度压缩率，在下方的列表框中预览效果，单击 下一步 按钮，如图3-84所示。

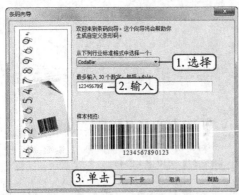

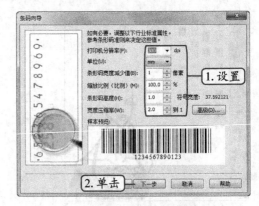

图3-83 输入条形码数据　　　　　　　　　　图3-84 设置条形码属性

STEP 3 在打开的对话框中设置条形码中文字的字体、文字大小、对齐方式等参数，单击 完成 按钮，如图3-85所示。

STEP 4 返回工作界面，调整条形码大小，将其移动到如图3-86所示的位置，保存文件完成本例的操作（最终效果参见：光盘\效果文件\项目三\任务二\服装设计封面.cdr）。

图3-85 设置条形码字体格式　　　　　　　　图3-86 调整条形码位置

职业素养

完整封面设计包括封面、封底和书脊的制作。在设计时需要应用到文本图形和色彩。为了得到更好的效果，还可对文字的大小、色彩的搭配、风格的统一等内容进行设计。

实训一 制作诗意书签

【实训要求】

本实训要求制作兰花写生的诗意标签，其中包括兰花、山川、飞鸟等部分。

【实训思路】

根据实训要求，制作时可先创建符合标签的页面尺寸，然后使用钢笔工具与艺术笔工具进行兰花、山川、飞鸟的绘制。参考效果如图3-87所示。

【步骤提示】

STEP 1　新建一个25×100mm的图形文件，双击矩形工具 ▭ 绘制
页面大小矩形，将轮廓设置为深灰色。

STEP 2　选择椭圆工具 ○ 在页面顶端绘制圆，选择钢笔工具 ✎，
在页面底部勾勒起伏的山川图形，取消轮廓，分别填充为黑色、深灰
色、浅灰色。

STEP 3　选择艺术笔工具 ✑，选择预设画笔中的预设笔触，调整画
笔宽度，拖动鼠标绘制兰叶与兰花，并将兰花填充为红色。

STEP 4　在艺术笔工具 ✑ 属性栏中单击"喷涂"按钮 🖌，在"其
他"类别的喷涂列表中选择小鸟图形，拖动鼠标进行绘制。拆分并删
除路径，取消群组，调整小鸟的位置与大小。

STEP 5　复制素材文件中的文本（素材参见：光盘\素材文件\项目
三\实训一\书签文本.cdr），调整至合适位置，完成后保存文件即可
（最终效果参见：光盘\效果文件\项目三\实训一\书签.cdr）。

图3-87　书签效果

实训二　绘制卡通场景

【实训要求】

本实训要求使用钢笔工具、贝塞尔工具、画笔工具绘制卡通场景，绘制时需要先勾勒天
空与草地的大致轮廓，再喷涂大树、蘑菇与花朵，最后绘制小孩、狗狗、气球、太阳、白云
等对象，完成效果如图3-88所示。

图3-88　卡通场景

【实训思路】

根据实训要求，本实训先使用钢笔工具勾勒天空与草地的大致轮廓，再使用艺术笔的
喷涂效果来绘制大树、蘑菇与花朵，最后使用贝塞尔或钢笔工具绘制小孩、狗狗、气球、太

阳、白云等对象。

【步骤提示】

STEP 1 新建文件将页面设置为横向，双击矩形工具□创建背景矩形，取消轮廓，将背景填充为淡蓝色，使用钢笔工具勾勒草地大致轮廓，取消轮廓，分别进行填充。

STEP 2 选择艺术笔中的喷涂效果，分别选择并拖动鼠标绘制"植物"类别中的花朵、蘑菇、大树。

STEP 3 选择喷涂图形，在属性栏单击"随对象一起缩放"按钮□，拖动四角的控制点，调整喷涂图样大小。

STEP 4 按【Ctrl+K】组合键将喷绘出的图样效果分离，删除绘制的图样路径。选择喷涂图样，按【Ctrl+U】组合键取消群组，分别调整各喷涂图样的大小与位置。

STEP 5 使用钢笔工具绘制小孩、狗狗、气球、太阳、白云等对象，使用调色板各对象填色，在涉及绘制虚线的花朵时，可选择线条，在属性栏中"线条样式"列表框中进行选择。（最终效果参见：光盘\效果文件\项目三\实训二\卡通场景.cdr）。

常见疑难解析

问：使用选择工具▣和形状工具◟都可以选择线条，它们有什么区别吗？

答：使用选择工具选择线条的时候，可以看到线条上的节点，但不能选择这些节点；使用形状工具单击线条即可选择该线条，而且可以选择线条上的节点并对节点进行操作。

问：将直线转换为曲线后，除了多了两个控制手柄外，怎么没什么变化？

答：是因为没有调整控制手柄使曲线产生弯曲效果。在将直线转换为曲线后，需要通过形状工具调节控制手柄才能体现出曲线效果。

问：在使用度量工具绘制标注线时，可以更改其标注的位置吗？

答：可以。先选择绘制的标注线，然后在其属性栏中单击"文本位置"按钮▤，在打开的文本位置选项面板中选择"文本位于标注线的位置"选项即可。

问：为什么我在使用交互式连线工具连接了两个图形对象后，移动其中的一个图形而连线没有随之改变呢？

答：在使用交互式连线工具时，如果将连接线的起点和终点都置于图形对象的"节点"或"中心"处，单击连接线，那么在移动某一个图形对象时，连接线将会随之改变，否则将不会随之改变。

问：选择艺术笔工具的喷涂模式时，其属性栏中的"选择喷涂顺序"下拉列表中有3个选项，它们分别是什么意思呢？

答：这是代表3种不同的喷涂顺序。其中"随机"选项表示喷涂对象将随机分布，"顺序"选项表示喷涂对象将会按播放顺序以方形区域分布，"按方向"选项则表示喷涂对象将按路径进行分布。

问：在喷涂有些图样时，拆分后无法取消群组，该怎么办呢？

答：这时可按【Ctrl+B】组合键再次进行拆分即可。

问：除了肉眼观察该线为直线或曲线外，还有什么办法进行判断？

答：可在使用形状工具选择线段中的某个节点时，如果该节点显示为空心方框，表示当前节点所在这一节线段为直线段；当该节点显示为实心方块时，则表示当前节点所在的这一节线段为曲线段。

拓展知识

由于CorelDRAW X6是一款基于平面设计的软件，所以在绘制图形之前，有必要了解平面构成的基本要素——点、线、面，下面对其概念分别进行介绍。

● **点**：点是一个坐标位置的概念。两条线相交处即为点，线与面相交处也为点，而线段的两端也是点，如图3-89所示。平面构成中的点既有位置也有面积和形状。其面积是有空间位置的视觉单位，其大小不许超过视觉单位"点"的限度，超过了就失去了点的性质。而几何概念中的点则只有位置而没有面积和形状。

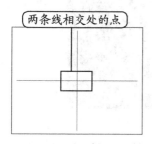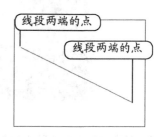

图3-89　点的类型

● **线**：线是点移动时产生的轨迹，将多个点连续排列也会生产线的感觉。两个面相交处也是线。几何概念中的线只有长度与方向，而没有宽度；平面构成中线既有长度与方向，也有宽度。线分为直线和曲线，直线能给人以果断和坚定的感觉，而曲线给人以柔和、优美的感觉，如图3-90所示。

● **面**：面是线移动时产生的轨迹，也可以是点或线的扩大与延续。在日常生活中具有一定面积的形状可被看成面，如桌面是矩形或圆角矩形的面，光盘是圆形的面等，如图3-91所示。

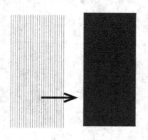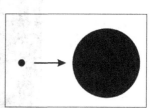

图3-90　线的类型　　　　　　　　　图3-91　面的类型

课后练习

下面将根据前面所学知识和你的理解，制作促销卡和绘制海底世界，从而对所学知识进行巩固练习。

（1）根据对各图形的绘制方法的认识对鞋子的促销卡进行制作，具体要求如下。

● 使用钢笔工具绘制背景，取消轮廓，分别填充颜色。

● 绘制背面上的装饰花纹，取消轮廓，填充为相应的颜色，对于一组花纹可进行群组，以方便管理。

● 添加文本完善促销卡，更改文本的颜色与排列方式，使其符合页面需要，完成后效果如图3-92所示（最终效果参见：光盘\效果文件\项目三\课后练习\促销卡.cdr）。

图3-92 促销卡效果

（2）根据对喷涂的各种方法的认识对海底世界插画进行绘制，具体要求如下。

● 采用预设笔触进行绘制时，需要设置笔触的宽度。

● 在绘制喷涂金鱼时，尽量将线条拖动的长些，以喷涂更多种类的金鱼等。

● 整个插画生动有趣，配色合理，完成后效果如图3-93所示（最终效果参见：光盘\效果文件\项目三\课后练习\海底世界.cdr）。

图3-93 海底世界插画

项目四
绘制与编辑图形

情景导入

小白：阿秀！为什么我用线条工具绘制的五角星形状的几个角的角度不一样呢？

阿秀：线条常用于绘制一些无规则的图形，如卡通人物、花纹、风景等，若要绘制一些规则图形可使用图形工具进行绘制。

小白：这个我知道，前面用的椭圆工具、矩形工具是不是都是图形工具？

阿秀：对呀！当然不止是你说的这两个工具，还包括多边形工具、星形工具、形状工具等。恰当地使用这些图形工具可以提高你的图形绘制速度哦！

小白：是吗？那你赶快讲讲这些工具的具体用法吧！

学习目标

- 掌握矩形工具的使用与编辑方法
- 掌握椭圆形工具的使用与编辑方法
- 掌握多边形工具的使用与编辑方法
- 熟练掌握星形工具、螺旋工具的使用与编辑方法
- 熟练掌握图纸工具的使用与编辑方法

技能目标

- 能使用绘图工具绘制简单的图形
- 掌握制作"吊旗""台历""包装"等方法

任务一 制作开业吊旗

开业吊旗广泛用于新店开张、超市开业、卖场开业、开业宣传、开业活动、开业庆典等场合。在CorelDAW中制作开业吊旗的方法比较简单，不过需要注意各图形的搭配、颜色的搭配。下面将具体介绍其制作方法。

一、任务目标

本任务将使用椭圆工具、矩形工具、星形工具、箭头形状工具来绘制开业吊旗海报。通过本任务可掌握椭圆工具、矩形工具、星形工具、箭头形状的基本操作。本任务制作完成后的效果如图4-1所示。

图4-1 开业吊旗效果

二、相关知识

本例中的吊旗主要是通过矩形工具、椭圆形工具、星形工具和箭头形状工具绘制得到的。下面先对这些工具的使用方法进行简单介绍。

（一）矩形工具组

矩形工具组主要包括矩形工具▢和3点矩形工具▢，选择矩形工具▢（或按【F6】键），可在绘图区域中绘制出矩形。在矩形工具▢上按住鼠标左键不放，可以在弹出的面板中选择3点矩形工具▢，利用3点矩形工具▢可以直接绘制出倾斜的矩形、正方形和圆角矩形。绘制矩形前或选择绘制的矩形，可在其工具属性栏中设置矩形的角类型、圆角半径、相对角缩放等内容，如图4-2所示。

图4-2 矩形工具属性栏

下面对矩形工具属性栏中主要参数进行介绍。

- **"圆角"按钮**、**"扇角"按钮**、**"倒棱角"按钮**：分别单击对应按钮可将绘制矩形的角转换为圆角、扇角、倒棱角，效果如图4-3所示。

- **"圆角半径"数值框**：设置矩形4个角的边角圆滑度，值为0时为直角。

- **"锁定"按钮**：单击该按钮，当按钮的锁定图标呈现按下状态时，可在任意数值框中输入数值，同时调整4个角的边角圆滑度；当呈弹起状态时，可分别设置4个角的边角圆滑度。

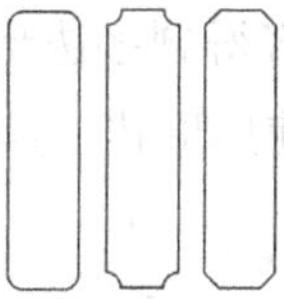

图4-3　圆角、扇角、倒棱角

- **"相对角缩放"按钮**：单击该按钮，当按钮呈选中状态时，缩放矩形时可同时按比例缩放边角圆滑度的值。

（二）椭圆形工具组

椭圆形工具组主要包括椭圆形工具和3点椭圆形工具，选择椭圆形工具（或按【F7】键），可以在绘图区域中绘制出椭圆形。利用3点椭圆形工具可以直接绘制倾斜的椭圆形。绘制椭圆后还可通过属性栏设置饼形或圆弧、起始角度与结束角度、更改方向等内容，如图4-4所示。

图4-4　椭圆形工具属性栏

下面对椭圆形工具属性栏中主要参数进行介绍。

- **"椭圆形"按钮**、**"饼图"按钮**、**"圆弧"按钮**：分别单击对应按钮可在椭圆形、饼图、圆弧之间进行转换，效果如图4-5所示。

图4-5　圆形、饼图、圆弧

- **"起始角度"与"结束角度"数值框**：设置饼图和圆弧的起始角度与结束角度。

- **"更改方向"按钮**：单击该按钮，可沿顺时针或逆时针更改饼图与圆弧的方向。

（三）星形工具

绘制星形的工具主要有星形工具和复杂星形工具，选择相应的工具后，在属性栏中设置星形的角数，然后在绘图区域中拖曳鼠标即可绘制出星形图形。星形工具属性栏中主要参数设置如下。

- **"点数或边数"数值框**：设置星形的角数。

- **"锐度"数值框**：设置角的角度。值越大，角越宽。

操作提示

在绘制星形时，需要注意的是利用星形工具和复杂星形工具绘制的星形图形在填充的结果上是不一样的，如图4-6所示，为复杂星形填充颜色后，相交区域不能被填充。

图4-6　不同的效果

（四）多边形工具

星形工具与多边形工具的各个边角是相互关联的，当星形工具的角锐度设置为"1"时，将得到多边形。选择多边形工具后，在属性栏中设置边数后，拖动鼠标即可绘制多边形，使用形状工具拖动多边形节点可将其转化为星形或旋转角度的星形，如图4-7所示。

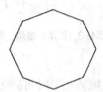

图4-7　多边形与星形转换效果

通过拖动多边形的节点转换为星形后，其属性任然为多边形的属性，而非星形属性。使用形状工具拖动复杂星形的节点，可以改变复杂星形的形状。

操作提示

（五）箭头形状工具

箭头形状用于指示或连接图形，广泛用于流程图设计和网页设计。在CorelDAW的箭头形状属性栏中提供了多种箭头样式供用户选择，如图4-8所示。选择箭头形状后，在其后的列表中可选择箭头样式，拖动鼠标即可绘制选择的箭头样式。

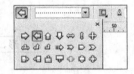

图4-8　箭头形状

（六）转曲图形

使用形状工具修改绘制好的矩形、圆形、多边形时，都是使这些图形按特定的方式进行修改，如将矩形修改为圆角矩形，椭圆修改为弧形等。

如果按【Ctrl+Q】组合键，或在右键菜单中选择"转换为曲线"命令将这些图形转曲后，再使用形状工具就可以任意修改其外形。当需绘制的图形对象与基本图形对象的外形相差不大时，就可以在基本图形的基础上经过少许修改得到。将图形对象转曲后，其特殊的属性将丢失，如转曲后的矩形不能再执行圆角化操作。

三、任务实施

（一）制作背景

下面将绘制页面矩形，并为其填充颜色、制作从中心辐射的背景，其具体操作如下。
（微课：光盘\微课视频\项目四\制作背景.swf）

STEP 1 新建A4大小的横向文件，将其保存为"开业吊旗.cdr"。

STEP 2 双击矩形工具，绘制页面大小的矩形，选择交互式填充工具，在属性栏设置填充方式为"辐射"，从中心到四边拖动鼠标创建渐变填充效果，在属性栏分别将起点与终点颜色填充为"M:100""M:40 M:20"，如图4-9所示，锁定该矩形。

STEP 3 取消矩形轮廓，使用钢笔工具绘制如图4-10所示的形状，取消轮廓填充为白色。

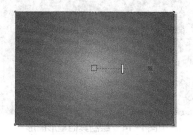

图4-9 创建渐变填充

图4-10 绘制图形

STEP 4 选择绘制的白色图形，将旋转基点移至矩形中心位置，按【Alt+F8】组合键打开"变换"泊坞窗，设置旋转角度为"15"，副本为"50"，单击 应用 按钮，效果如图4-11所示。

STEP 5 框选白色图形，在属性栏单击"合并"按钮，选择交互式透明工具，在属性栏设置透明方式为"辐射"，从中心向边缘拖动鼠标创建渐变透明，单击选择边缘的节点，在属性栏将透明度设置为"75"，效果如图4-12所示。

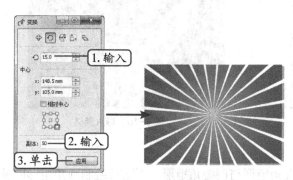

图4-11 设置变换角度与副本

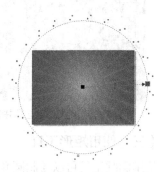

图4-12 创建渐变透明

（二）使用星形工具与椭圆工具

星形工具用于绘制不同角度的星形，椭圆工具用于绘制圆形、椭圆形。在开业吊旗中可以使用星形与椭圆来渲染气氛，其具体操作如下。（🔘微课：光盘\微课视频\项目四\使用星形工具与椭圆工具.swf）

STEP 1 选择星形工具，然后按住【Ctrl】键不放绘制正五角星，取消轮廓填充为白色。

STEP 2 使用钢笔工具绘制星形拖出的尾巴图形，取消轮廓填充为玫红色，按【Ctrl+PageDown】组合键将该图形放于星形图形下方，效果如图4-13所示。

操作提示

在绘制形状时，按住【Ctrl】键可绘制正的圆、矩形、星形、箭头等图形。按住【Ctrl+Shift】组合键可从拖动的起点处绘制图形。

STEP 3 使用相同方法绘制其他星形组合图形，填充不同的颜色并调整星形大小，效果如图4-14所示。

图4-13 绘制星形

图4-14 绘制其他星形图形

STEP 4 选择椭圆工具○，然后按住【Ctrl】键不放绘制正圆，取消轮廓填充为黄色，复制并缩放圆，填充为不同的颜色。

STEP 5 选择手绘工具，从圆边缘向页面中心绘制曲线，选择颜色吸管工具单击吸取圆的颜色，再单击圆上连接的曲线，设置线条颜色为圆的颜色，效果如图4-15所示。

STEP 6 导入鞋子素材图形（素材参见：光盘\素材文件\项目四\任务一\鞋子1.png～鞋子3.png），调整大小与位置，效果如图4-16所示。

图4-15 绘制线条与圆并设置颜色

图4-16 导入素材

（三）使用矩形工具

使用椭圆工具可以绘制圆角矩形、直角矩形与倒棱角矩形，下面将绘制圆角矩形以及圆形来装饰吊旗，其具体操作如下。（微课：光盘\微课视频\项目四\使用矩形工具.swf）

STEP 1 选择矩形工具，拖动鼠标绘制默认的直角矩形，在属性栏中将四角的圆角值设置为"8"，填充为白色，将轮廓设置为"2pt"，将轮廓色的CMYK值设置为"22、93、100、0"，效果如图4-17所示。

STEP 2 选择椭圆工具，按【Ctrl】键不放绘制圆，复制并缩放多个圆，将圆填充为如图4-18所示的效果。使用钢笔工具绘制圆下方的图形，取消轮廓，填充为黑色。

图4-17 绘制圆角矩形

图4-18 绘制与复制圆

STEP 3 使用相同的方法继续在页面右下角绘制圆角矩形，取消轮廓，填充为"0、24、12、0"，如图4-19所示。

STEP 4 复制素材中的文本到页面合适位置（素材参见：光盘\素材文件\项目四\任务一\开业吊旗文本.cdr），效果如图4-20所示。

图4-19　绘制其他圆形与矩形

图4-20　复制文本

（四）使用箭头工具

箭头具有指示作用，下面将使用箭头工具绘制箭头并对箭头进行编辑，使其满足吊旗的需求，其具体操作如下。（微课：光盘\微课视频\项目四\使用箭头工具.swf）

STEP 1 在基本形状工具组中选择箭头形状工具，拖动鼠标绘制箭头图形，效果如图4-21所示。

STEP 2 选择形状工具，使用鼠标向右拖动箭头上的红色控制点，调整箭头的位置，如图4-22所示。

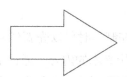

图4-21　绘制箭头图形

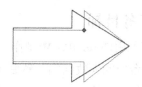

图4-22　调整箭头位置

STEP 3 选择箭头图形，按【Ctrl+Q】组合键转曲，选择形状工具，将左端的直角节点转换为曲线，并进行编辑，效果如图4-23所示。

STEP 4 旋转箭头，选择交互式填充工具，从左下角向右上方向拖动鼠标创建践行渐变填充，取消轮廓，效果如图4-24所示。

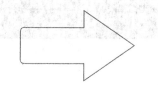

图4-23　将直角节点转换为曲线

图4-24　创建渐变填充

STEP 5 将箭头移动到"全场"文本右侧，调整至合适大小。

STEP 6 在工具箱选择星形工具☆，然后按住【Ctrl】键不放绘制正五角星作为标签，取消轮廓，填充为红色，在属性栏将"点数或边数"设置为"20"，"锐度"设置为"20"，按【Enter】键更改效果，如图4-25所示。

STEP 7 将标签移至页面右下角圆角矩形上方，调整大小，复制素材中的"买一送一"文本到页面合适位置（素材参见：光盘\素材文件\项目四\任务一\开业吊旗文本.cdr），如图4-26所示。完成本例的制作，保存文件（最终效果参见：光盘\效果文件\项目四\任务一\开业吊旗.cdr）。

图4-25 绘制星形

图4-26 复制文本

任务二 设计唯美台历

台历包括有桌面台历和电子台历，主要品种有商务台历、纸架台历、水晶台历、记事台历、便签式台历、礼品台历和个性台历等。在CorelDRAW中制作台历效果的操作较简单，只需绘制出台历的结构，然后输入台历文本即可，下面具体介绍其制作方法。

一、任务目标

本例将练习用CorelDRAW制作"台历效果"，在制作时可以先新建文档，然后使用绘图工具绘制出台历的大致结构，然后根据需要输入台历文本的内容。通过本例的学习，可以掌握图形对象的整形操作和群组操作等，同时对编辑图形对象的工具有一定的了解。本例制作完成后的最终效果图4-27所示。

图4-27 台历设计效果

二、相关知识

本任务涉及一些基本形状绘制工具、螺纹工具、图纸工具等的应用。下面将对相关的形状工具进行详细讲解。

（一）基本形状工具

基本形状工具包括基本形状工具❑、箭头工具❑、流程图工具❑、标题工具❑、标注工具❑，其使用方法与前面讲解的箭头工具的使用方法相同，选择基本形状工具组中的工具后，单击属性栏中的"完美形状"按钮❑，在打开的"形状"面板中可选择需要的形状，然后即可在绘图区域中绘制出相关图形。且不同的工具其打开的"形状"面板也不同，如图4-28所示。

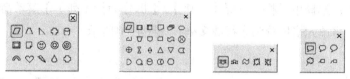

图4-28 不同的"形状"面板

（二）图纸工具

在多边形工具组中选择图纸工具❑（或按【D】键），在属性栏设置行数和列数，可绘制出不同行数与列数的网格图形。图纸就是由一系列行和列排列的矩形组成的网格，它是一个群组对象，按【Ctrl+U】组合键取消群组后可单独进行处理，也可以群组在一起整体处理。

（三）表格工具

表格工具与图纸工具的作用相似，皆可绘制出网格的效果。使用表格工具绘制出的网格称为表格，其中的小矩形块称为单元格。在CorelDRAW中除了可绘制表格，还可更改表格属性和格式，编辑表格中单元格。

1. 绘制表格

选择表格工具❑在属性设置行列数，拖动鼠标进行绘制，或选择【表格】/【创建新表格】菜单命令，在打开的对话框中设置行数、栏数、高度、宽度，单击 确定 按钮即可，如图4-29所示。

图4-29 创建新表格

2. 操作单元格

默认绘制的表格可能不能满足用户的需要，这时可通过合并、删除等操作更改表格的结构，分别介绍如下。

● **选择单元格**：在【表格】/【选择】菜单命令弹出的子菜单中进行选择，或将鼠标光标移至表格左上角、列左侧、列上方当出现箭头图标时单击皆可选择表格、对应行或列；直接在表格工具下拖动需要选择的单元格或单元格区域，配合【Ctrl】键可在选择单元格或单元格区域后，单击其他单元格或拖动选择其他单元格区域，即可选择不连续的单元格。

● **调整单元格大小**：选择行或列后，在属性栏的"高度"和"宽度"数值框中可设置该行单元格或该列单元格的行高和列宽。直接拖动行\列的分割线可手动调整行高和列宽。

- **移动行或列**：选择行或列后，可将鼠标光标移至行或列区域上按住鼠标左键拖动至需要位置即可。

- **插入行或列**：选择插入行或列的位置，选择【表格】/【插入】菜单命令，在打开的子菜单中选择插入的位置即可。

- **合并与拆分单元格**：选择水平或垂直方向的连续的多个单元格，选择【表格】/【合并单元格】菜单命令或按【Ctrl+M】组合键可将其合并为一个单元格，如图4-30所示所示。选择合并后的单元格，选择【表格】/【拆分单元格】菜单命令可还原为单个单元格；选择单元格，选择【表格】/【拆分为行（列）】菜单命令，可在打开的对话框中将单元格拆分为多行或多列，如图4-31所示。

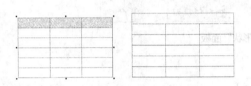 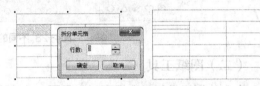

图4-30 合并单元格　　　　　　　　　　　　　　　　图4-31 拆分单元格

- **删除单元格**：选择单元格后，按【Delete】键，或在【表格】/【选择】菜单命令打开的子菜单中选择删除的方式。

3. 美化表格

绘制表格后，选择绘制的表格，在其属性栏中可设置表格的属性，如设置表格的背景和边框，从而美化表格，其属性栏如图4-32所示。

图4-32 表格工具属性栏

美化表格相关项如下。

- **"背景"下拉列表**：可选择相应的颜色填充选择的单元格。

- **"边框"下拉列表**：可选择添加边框线的位置，如在外部添加、在内部添加、在左侧添加等，默认为全部添加。按【F12】键，在打开的对话框中可设置边框的粗细、颜色、虚线等参数。

- **"页边距"下拉列表**：输入文本后，指定文本与表格上、下、左、右边框的距离。

知识补充　　选择表格后切换到选择工具，在其属性栏中的"选项"下拉列表中可设置自动调整单元格大小或单独的单元格边框。单击定位文本插入点到单元格中或切换到文本工具，可在属性栏中设置表格文本的格式或表格文本的对齐方式。

（四）螺纹工具

选择螺纹工具 （或按【A】键），在属性栏的"螺纹回圈"和"螺纹扩展参数"数值框中输入圈数和扩展值，拖动鼠标可以创建出对称式和对数式两种螺纹。

● **对称式螺纹**：在属性栏中单击"对称式螺纹"按钮，绘制的螺纹回圈的间距是不变的，如图4-33所示。

● **对数式螺纹**：在属性栏中单击"对数式螺纹"按钮，对数式螺纹表示螺纹回圈的间距是递增的，如图4-34所示。

图4-33　对称式螺纹　图4-34　对数式螺纹

三、任务实施

（一）绘制台历的基本图形

启动CorelDRAW X6并新建一个图形文件，然后使用贝塞尔工具绘制出台历的大致图形，并对其填充颜色。其具体操作如下（❀微课：光盘\微课视频\项目四\绘制台历的基本图形.swf）。

STEP 1 新建图形文件，设置页面方向为横向，并将其保存为"台历.cdr"。

STEP 2 选择工具箱中的贝塞尔工具，绘制如图4-35所示的台历大致轮廓。

STEP 3 选择工具箱中的智能填充工具，在属性栏的"颜色填充"下拉列表中分别设置不同灰度的颜色，分别单击如图4-36所示区域创建新的图形并填充。

STEP 4 继续使用贝塞尔工具在边缘绘制线条，在属性栏中设置线条的粗细，效果如图4-37所示，完成台历基本图形的制作。

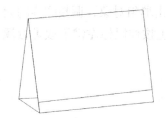

图4-35　绘制台历外形

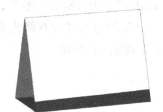

图4-36　智能填充台历

图4-37　绘制边缘线条

（二）使用螺纹工具绘制螺纹

绘制台历的大致图形后，下面绘制螺纹装饰图案来装饰台历的边缘，其具体操作如下（❀微课：光盘\微课视频\项目四\使用螺纹工具绘制螺纹.swf）。

STEP 1 选择工具箱中的螺纹工具，将鼠标指针移动到页面中，此时鼠标指针将变成＋形状，在属性栏中单击"对称式螺纹"按钮，在"螺纹回圈"数值框中设置螺纹的圈数为4。

STEP 2 在绘图区中按住【Ctrl】键和鼠标左键不放拖动到合适大小后释放鼠标，完成螺纹的绘制。

STEP 3 在属性栏中设置合适的轮廓宽度值，在调色板中设置颜色为"K:72"，如图4-38所示。

操作提示 在设置螺纹线条的粗细时，需要切换到选择工具，且螺纹线条的粗细与绘制的螺纹大小密切相关。

STEP 4 选择螺纹图形，选择【编辑】/【步长与重复】菜单命令，打开"步长与重复"泊坞窗，在其中设置移动方式为"对象之间的间距"，距离为"0"，方向为"右"，份数为"23"，单击 应用 按钮，效果如图4-39所示。

图4-38 绘制螺纹　　　　　　　　　　图4-39 水平步长与重复螺纹

STEP 5 在"步长与重复"泊坞窗中设置水平方向为"无偏移"。设置垂直设置为"对象之间的间距"，距离为"0"，方向为"往下"，份数为"3"，单击 应用 按钮，效果如图4-40所示。

STEP 6 框选螺纹图形，按【Ctrl+G】组合键进行群组，单击群组对象，调整图样的大小，在对象中心的控制点上单击，再在四边出现的双箭头形状上按住鼠标左键不放进行倾斜，使其适应台历下方的矩形，效果如图4-41所示。

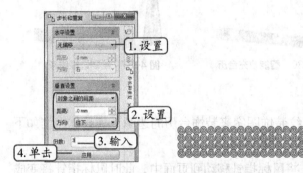

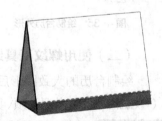

图4-40 垂直步长与重复螺纹　　　　　　　图4-41 调整与倾斜螺纹

STEP 7 使用鼠标右键拖动螺纹到封面的灰色矩形中，此时鼠标指针变为 ⊕ 形状后释放鼠标，在弹出的快捷菜单中选择"图框精确裁剪内部"命令，将螺纹图形放置在矩形中，效果如图4-42所示。

图4-42 图框精确裁剪螺纹效果

（三）绘制基本形状

下面将使用基本形状中的心形继续装饰台历封面，其具体操作如下（ ⊛微课：光盘\微课视频\项目四\绘制基本形状.swf）。

STEP 1 导入花纹素材文件（素材参见：光盘:\素材文件\项目四\任务二\花纹与文本.cdr），缩放其大小后，使用鼠标右键拖动到白色矩形中，此时鼠标指针变为⊕形状后释放鼠标，在弹出的快捷菜单中选择"图框精确裁剪内部"命令，将花纹图形放置在白色矩形中，如图4-43所示。

STEP 2 选择文本工具，在台历封面左中位置单击定位文本插入点，输入"215"文本，在属性栏将文本字体设置为"Arial"，按【Shift+F11】组合键，在打开的对话框中将文本的CMYK值设置为"95、86、61、40"。

STEP 3 选择文本，按【Ctrl+K】组合键拆分为单个文本，调整文本间距，效果如图4-44所示。

STEP 4 在工具箱中选择基本形状工具，在属性栏单击"完美形状"按钮，在打开的下拉列表中选择如图4-45所示的心形图形。

图4-43 导入花纹素材

图4-44 输入并拆分文本

图4-45 选择心形

STEP 5 在文本中间位置拖动鼠标绘制心形，在属性栏取消轮廓，在下面的文档颜色板中设置CMYK值为"95、86、61、40"，应用文本的颜色，如图4-46所示。

STEP 6 选择绘制的心形，按【Ctrl+Q】组合键将其转曲，使用形状工具拖动节点调整其形状，如图4-47所示。

STEP 7 复制并放大心形，将其放置到封面右侧，选择复制的心形，拖动四角上的控制点进行缩小，在缩小过程中按住【Shift】键，调整到合适大小后单击鼠标右键进行复制，制作心形，将复制的心形填充为白色，效果如图4-48所示。

图4-46 绘制与填充心形

图4-47 绘制心形

图4-48 制作同心心形

STEP 8 导入图像素材文件（素材参见：光盘:\素材文件\项目四\任务二\台历图片.png），如图4-49所示。

STEP 9 缩放其大小后，使用鼠标右键拖动到白色心形中，此时鼠标指针变为⊕形状后释放鼠标，在弹出的快捷菜单中选择"图框精确裁剪内部"命令，将图片放置在白色心形中。

STEP 10 复制素材文件中文本（素材参见：光盘\素材文件\项目四\任务二\花纹与文本.cdr），缩放大小，利用文档颜色板将"祝福"填充为前面文本的颜色，效果如图4-50所示。

图4-49 导入图片

图4-50 裁剪图形并添加文本

（四）使用图纸工具绘制网格

前面对台历的造型与封面进行了制作，下面将制作其中一月份的日历页，其具体操作如下（💿微课：光盘\微课视频\项目四\使用图纸工具绘制网格.swf）。

STEP 1 框选台历，按【Ctrl+G】组合键群组前面绘制的台历，使用矩形工具在台历右侧绘制一个矩形，取消轮廓，利用文档颜色板将其填充为前面用到的深绿色，如图4-51所示。

STEP 2 导入心形花纹素材文件（素材参见：光盘:\素材文件\项目四\任务二\花纹与文本.cdr），缩放其大小后，填充为白色，使用鼠标右键拖动到绘制的深绿色矩形的右侧部分，使其半边在矩形内，此时鼠标指针变为⊕形状后释放鼠标，在弹出的快捷菜单中选择"图框精确裁剪内部"命令，将花纹图形放置在矩形中，如图4-52所示。

图4-51 绘制矩形

图4-52 图框精确裁剪图形

STEP 3 选择心形图样，选择透明工具⍰，在属性栏中设置透明方式为标准，透明度为"65"，如图4-53所示。

STEP 4 在多边形工具组中选择图纸工具⍰，在属性栏中设置6列7行，复制出如图4-54所示的图形效果。

图4-53 设置花纹透明度

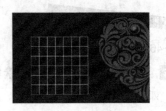

图4-54 绘制网格

STEP 5 选择文本工具，分别输入月份文本，在属性栏中设置中文文本字体为"微软雅黑"，英文为"Arial"，分别填充为白色或冰蓝色（C:40），效果如图4-55所示。

STEP 6 选择图纸，选择透明工具，在属性栏中设置透明方式为标准，透明度为"80"，复制出如图4-56所示的图形效果。

图4-55 输入文本

图4-56 设置图纸的透明度

STEP 7 选择图纸图形，按【Ctrl+U】组合键取消群组，将网格拆分单独的矩形，如图4-57所示。选择第一排矩形在属性栏中单击"合并"按钮进行合并，使用相同的方法合并其他列的矩形，效果如图4-58所示。完成本例的制作，保存文件（最终效果参见：光盘\效果文件\项目四\任务二\台历.cdr）

图4-57 拆分图纸

图4-58 合并图纸中的矩形

实训一 制作相机图标

【实训要求】

本实训要求绘制相机的图标，绘制过程中将使用到矩形与椭圆工具，完成后的效果如图4-59所示。

【实训思路】

根据实训要求，使用矩形工具、椭圆工具绘制相机图标，再添加文本。

【步骤提示】

STEP 1 新建空白图形文件，双击矩形工具绘制页面大小矩形，取消轮廓，填充为浅绿色。

图4-59 相机图标效果

STEP 2 选择矩形工具工具绘制矩形，取消轮廓，填充为浅灰色，在属性栏将其设置圆角矩形，继续绘制相机上其他矩形的区域，在绘制上方的按钮时，需要将上方的角设置为圆角，取消轮廓，填充相应的颜色。

STEP 3 选择椭圆工具○，按住【Ctrl】键拖动鼠标在相机上绘制镜头外围正圆，取消轮廓，填充为浅灰色。

STEP 4 按住【Shift】键不放拖动圆四角缩小圆，至合适大小后单击鼠标右键复制圆，并填充为"K:70"。使用相同的方法复制圆，并填充相应的颜色。

STEP 5 在镜头中心绘制白色无轮廓椭圆制作高光，继续使用贝塞尔工具在镜头中心绘制月牙状图形，取消轮廓填充为白色，选择交互式透明工具，在属性栏设置透明方式为"标准"，在"透明度"数值框输入透明值。

STEP 6 复制素材文件中的文本（素材参见：光盘\素材文件\项目四\实训一\相机文本.cdr），调整至合适位置，完成后保存文件即可（最终效果参见：光盘\效果文件\项目四\实训一\相机图标.cdr）。

实训二　制作超市POP广告

【实训要求】

本实训要求利用CorelDRAW的椭圆工具、矩形工具、星形工具、螺纹工具，以及图片导入、文本输入、填充图形功能为超市制作一份POP广告。要求突出活动主题，具有视觉冲击力。通过练习掌握相关图形工具的使用。本实训制作的完成效果如图4-60所示。

图4-60　超市POP广告效果

【实训思路】

根据实训要求，先新建图形文件，并填充相应颜色，然后导入素材图片，使用钢笔工具、椭圆工具、矩形工具、星形工具、螺纹工具绘制需要的图形，最后输入相关文本完成操作。

【步骤提示】

STEP 1 新建文件将页面设置为横向，双击矩形工具□创建背景矩形，取消轮廓，使用交互式渐变填充从左向右拖动鼠标，创建浅蓝色到白色的渐变填充。

STEP 2 使用钢笔工具绘制沙地和云朵，取消轮廓，填充为浅蓝色和浅黄色。

STEP 3 导入"饮料.png"图片（素材参见：光盘\素材文件\项目四\实训二\饮料.png），调整大小与位置。

STEP 4 分别选择椭圆工具、矩形工具、星形工具、螺纹工具绘制需要的图形，取消轮廓，填充为相应的颜色。

STEP 5 使用形状工具编辑绘制的角为"20"的星形，复制星形错位放置并填充为橙色。

STEP 6 输入文本，在属性栏设置文本的字体为"方正剪纸简体"，调整大小和颜色放置到合适位置，旋转文本后保存文件完成本实训的制作（最终效果参见：光盘\效果文件\项目四\实训二\超市POP广告.cdr）。

常见疑难解析

问：为什么按住【Ctrl】键后，使用矩形工具或椭圆工具绘制不出正方形或正圆呢？

答：在绘制正方形的时候，一定要注意是绘制完后先释放鼠标左键，然后再释放【Ctrl】键，否则绘制出来的仍然是矩形。

问：在绘制螺纹后，为什么在属性栏中设置"螺纹回圈"和"螺纹样式"等参数对所选择的螺纹图形不起作用呢？

答：绘制螺纹与绘制网格一样，都需要绘制前在属性栏中设置好相关参数。如果在绘制好后再修改其参数，对所绘制好的图形将不起任何作用。

问：为什么在绘制一个形状图形后，不能使用形状工具对其调整？

答：形状图形与几何图形一样，只有转换为曲线后才能使用形状工具对其进行任意调整。

问：如果只想设置矩形的一个角为圆角，该怎么操作呢？

答：可在选择矩形后，单击属性栏中的📷按钮，然后再在数值框中设置圆角度，也可使用形状工具单击选中矩形的某一个角，然后再拖动鼠标。

拓展知识

在使用形状工具绘制图形时默认将绘制圆、直角矩形、五角星等图形，用户可以通过"选项"对话框设置默认绘制的图形，以及默认绘制图形的参数。其方法为：选择【工具】/【选项】菜单命令，打开"选项"对话框，在左侧展开【工作区】/【工具箱】选项，在展开的子列表中选择需要设置工具，如选择"椭圆形工具"选项，在右侧可设置默认绘制的椭圆的属性，如图4-61所示，设置完成后单击 确定 按钮即可。

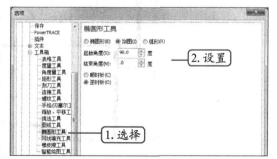

图4-61 设置默认绘制的形状的属性

课后练习

（1）根据前面所学知识和你的理解，下面将通过矩形工具、多边形工具和圆形工具制作积分卡，制作后的效果如图4-62所示，具体要求如下。

● 新建文件并绘制圆角矩形。

● 绘制圆形和基本形状，装饰图案。

● 添加文本、图片与标志（素材参见：光盘\素材文件\项目四\课后练习\积分卡文本.cdr、咖啡.psd、咖啡标志.cdr），完成后效果如图4-62所示（最终效果参见：光盘\效果文件\项目三\课后练习\积分卡.cdr）。

图4-62 积分卡效果

（2）根据前面所学知识和你的理解，对户型图进行绘制，具体要求如下。

● 设置新建页面的大小，添加辅助线。

● 绘制矩形，为其设置填充色或填充图样。

● 使用贝塞尔工具绘制沙发和茶几图形，对其进行填充。完成后效果如图4-63所示（最终效果参见：光盘\效果文件\项目四\课后练习\户型图.cdr）。

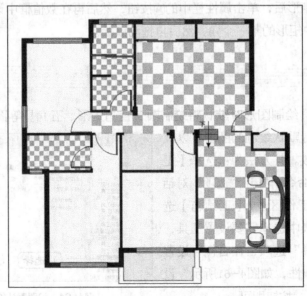

图4-63 户型图

项目五
编辑图形轮廓与颜色

情景导入

小白：阿秀，我想问一问，在CorelDRAW中除了在属性栏中设置轮廓，在颜色板中设置颜色外，可不可以为图形设置更加丰富的轮廓和填充颜色？

阿秀：可以呀，我正要告诉你，经过前面图形绘制的学习后，下面紧接着便是为图形设置颜色了。

小白：那都可以为图形的颜色设置哪些效果呢？

阿秀：这可多了，填充颜色就有好几种，如标准填充、渐变填充、纹理填充、图案填充、PostScript填充。

小白：哇！那设置出来的效果一定很漂亮。

阿秀：小白，赶快来学习图像的轮廓线和填充颜色的设置方法吧。

小白：嗯！学习后就可以绘制更加漂亮的图形效果了。

学习目标

- 掌握设置轮廓的线端、箭头样式、线型和线宽、轮廓线颜色的方法
- 掌握各填充工具的使用方法
- 熟悉使用"颜色"泊坞窗的填充方法
- 熟练掌握交互式填充和交互式网状填充
- 熟悉使用滴管和颜料桶工具

技能目标

- 掌握运动鞋广告与化妆品包装设计的方法
- 掌握"房屋平面布置图"的绘制方法
- 掌握图形的轮廓设置和填充设置方法

任务一 设计潮流运动鞋横幅

横幅是网络媒体中最普遍的推广宣传方法，一般刊登于页面最醒目的位置，利用文字、图片或动态效果把推广的信息传递给网站的访问者，同时有推广链接引客户到相关网页上，达到推广网站、产品或服务的效果。制作横幅时要求颜色对比鲜明，能够快速抓住读者的眼球。下面将具体介绍制作潮流运动鞋横幅的方法。

一、任务目标

本任务将绘制背景和鞋子图形，并设置图形的轮廓粗细、轮廓色、线条样式来编辑潮流运动鞋的横幅广告，本任务制作完成后的效果如图5-1所示。

图5-1 潮流运动鞋横幅效果

二、相关知识

轮廓线是指图形对象的边缘和路径，通过设置轮廓线的颜色和样式，可以得到不同效果的图形。下面将对如何设置轮廓线的方法分别进行介绍。

（一）轮廓线颜色、粗细的常规编辑

在绘制图形或线条过程中，通过属性栏的"轮廓宽度""线条样式""起始箭头"或"结束箭头"下拉列表中可快速设置轮廓线的常规粗细、线条的样式与线端的箭头。通过调色板可快速设置轮廓线的颜色，其方法有以下两种。

- **鼠标右键单击**：选择图形，在调色板中所需的色块上单击鼠标右键，即可为其设置轮廓色。右键单击⊠色块可取消轮廓。
- **拖动色块到图形轮廓上**：选择图形，将鼠标指针移到调色板中所需的色块上，按住鼠标左键不放并拖动到图形的轮廓线上，当指针变成▶▢形状时，松开鼠标即可。如果指针变成▶■形状，则表示该颜色将设置为图形的填充色。

知识补充
　　　　　轮廓线只能进行单色填充，若要进行渐变或图案等填充，需要按【Ctrl+Shift+Q】组合键，或选择【排列】→【将轮廓转换为对象】菜单命令，将轮廓转换为对象。

（二）设置轮廓线样式、角、端头

设置轮廓线样式、角、端头主要通过"轮廓笔"对话框和"对象属性"泊坞窗。不仅可

以编辑轮廓线粗细、颜色，还可对轮廓线的宽度、样式、线条端头和箭头等参数进行编辑。相关参数分别介绍如下。

- **使用"轮廓笔"对话框设置**：选择图形对象，单击工具箱中的轮廓工具 ，或按【F12】键，打开如图5-2所示的"轮廓笔"对话框，在其中即可进行相应设置。
- **使用"对象属性"泊坞窗设置**：用鼠标右键单击需要设置轮廓线的对象，在弹出的快捷菜单中选择"属性"命令，或选择【窗口】/【泊坞窗】/【对象属性】菜单命令，打开"对象属性"泊坞窗，单击"轮廓"按钮，在其中可进行常规设置，若单击下面的 ▼ 按钮在展开的参数面板中可进行轮廓的高级设置，其轮廓参数与"轮廓笔"对话框中参数一致。如图5-3所示。

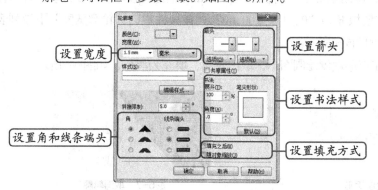

图5-2　"轮廓笔"对话框

图5-3　"对象属性"泊坞窗

（三）编辑轮廓线颜色

使用"轮廓颜色"对话框和"颜色"泊坞窗可为轮廓设置色板外的颜色，分别介绍如下。

- **使用"轮廓颜色"对话框设置轮廓色**：使用"轮廓色"对话框可以非常方便地设置轮廓色，只需选择图形对象后，单击工具箱中的轮廓工具 ，在打开的面板中选择"轮廓画笔对话框"选项（或按【Shift+F12】组合键），打开如图5-4所示的"选择颜色"对话框，在对话框中的"模型"下拉列表框中可选择合适的色彩模式，然后在"组件"栏中可输入颜色的精确数值。
- **使用"颜色"泊坞窗设置轮廓色**：选择【窗口】/【泊坞窗】/【彩色】菜单命令，打开"颜色泊坞窗"泊坞窗，通过拖动四个滑块或直接在其右侧数值框中输入数值设置好颜色，单击泊坞窗下方的 轮廓(O) 按钮，即可为选择的图形设置轮廓色，如图5-5所示。

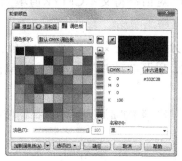

图5-4　"轮廓颜色"对话框

图5-5　颜色泊坞窗

用户可按照习惯使用调色板为轮廓调制需要的颜色，其方法为：为对象设置轮廓颜色后，按住【Ctrl】键不放，右键单击其他颜色色块或将其他颜色色块拖动至轮廓上，即可使用该颜色调和原颜色。

知识补充

三、任务实施

（一）背景制作

下面将对运动鞋的背景进行制作。其具体操作如下。（🎬微课：光盘\微课视频\项目五\背景制作.swf）

STEP 1 新建空白文档，使用矩形工具绘制200×95mm的矩形，按【Shift+F11】组合键在打开的对话框将矩形CMYK值填充为"0、11、100、0"，在属性栏的"轮廓宽度"下拉列表框中选择"无"选项，效果如图5-6所示。

STEP 2 使用钢笔工具在矩形左侧绘制图形，取消轮廓，填充为黑色，如图5-7所示。

图5-6 绘制矩形

图5-7 取消轮廓

STEP 3 选择艺术笔工具 ，在属性栏单击"喷涂"按钮 ，在"符号"类的喷涂列表中选择如图5-8所示的喷涂图样。

STEP 4 在属性栏设置笔刷宽度为"10mm"，拖动鼠标在黑色与黄色边缘绘制图形，修饰边缘，效果如图5-9所示。

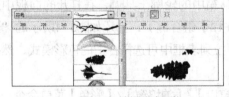

图5-8 选择喷涂形状

图5-9 修饰边缘

STEP 5 选择文本工具 ，在矩形中输入"潮流运动鞋"，在属性栏将字体设置为"汉仪中一简体"，按【Shift+F11】组合键在打开的对话框将文本CMYK值填充为"71、0、78、0"。

STEP 6 选择文本，按【Shift+K】组合键拆分文本，在文本"运"上绘制曲线，使用智能填充工具单击文本右侧的笔画，创建新的区域，以及"动鞋"文本填充为黑色，效果如图5-10所示。

STEP 7 选择艺术笔工具，在"喷涂"的"符号"类的喷涂列表中选择树枝状的图样，在矩形黄色区域拖动绘制树枝形状，效果如图5-11所示。

图5-10　填充文本颜色

图5-11　绘制树枝图形

STEP 8　使用钢笔工具在树枝间绘制图形，取消轮廓，并填充颜色为"黑色"，再在其上输入文本，将文本的字体设置为"黑体"、文本颜色设置为"0、11、100、0"，效果如图5-12所示。

STEP 9　使用钢笔工具在左侧黑色区域绘制多个不同大小与角度的三角形，取消轮廓，并为填充相应的颜色，效果如图5-13所示。框选所有图形，按【Ctrl+G】组合键进行群组。

图5-12　绘制图形并输入文本

图5-13　绘制并填充图形

（二）绘制、转换与编辑轮廓

下面将绘制潮流运动鞋，将涉及到线条粗细设置、线条样式设置、线条颜色设置、线条端头设置等，其具体操作如下。（🎬微课：光盘\微课视频\项目五\绘制、转换与编辑轮廓.swf）

STEP 1　选择贝塞尔工具，拖动鼠标绘制运动鞋的大致轮廓，并在属性栏的"对象大小"数值框中输入"70mm、34mm"，按【Enter】键，效果如图5-14所示。

STEP 2　选择鞋面与鞋舌图形，分别单击色板中的白色和翠绿色进行填充，通过"顺序"命令调整鞋面与鞋舌的叠放顺序，效果如图5-15所示。

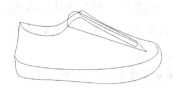

图5-14　绘制鞋子轮廓

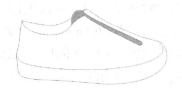

图5-15　填充鞋面与鞋舌

STEP 3　使用贝塞尔工具 ，在鞋底中下位置绘制装饰线条，分别选择绘制的线条与斜面和鞋底中间的线条，在属性栏将其轮廓宽度设置为"1mm"，按【Ctrl+Shift+Q】组合键，或选择【排列】/【将轮廓转换为对象】菜单命令，将轮廓转换为对象，使用形状工具进行编辑，效果如图5-16所示。

STEP 4　使用贝塞尔工具 ，在鞋尖部分绘制图形，取消轮廓，在工具箱中选择图样填充工具，在打开的对话框中单击选中"双色"选项，在"前部"和"后部"下拉列表中分别选择灰色和白色，在"大小"栏的"宽度"和"高度"数值框中分别输入"5mm"，单击按钮，效果如图5-17所示。

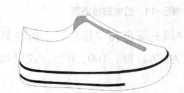

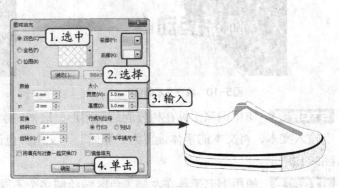

图5-16　将轮廓转换为对象　　　　　　　　　　图5-17　图样填充鞋底

STEP 5 使用贝塞尔工具在鞋帮上绘制缝纫线，选择绘制的缝纫线，在工具箱选择轮廓笔工具或按【F12】键打开"轮廓笔"对话框，在"颜色"下拉列表中选择灰色，在"宽度"数值框中输入"0.2mm"，在"样式"下拉列表中选择虚线样式，在"线条端头"下拉列表中单击选中"圆头"单选项，单击 确定 按钮，效果如图5-18所示。

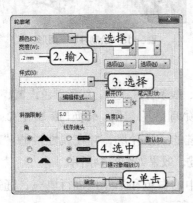

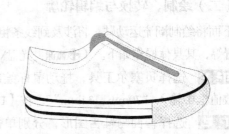

图5-18　设置轮廓颜色、宽度、样式和线条端头

STEP 6 选择椭圆工具，在鞋帮上按住【Ctrl】键绘制正圆，填充为中等灰色，在属性栏中将轮廓粗细设置为"0.75mm"，右键单击色板中较浅的灰色色块，填充轮廓色，复制该圆形到鞋帮其他位置，制作鞋带孔，效果如图5-19所示。

STEP 7 选择贝塞尔工具，在鞋孔上方绘制鞋带线条效果如图5-20所示。

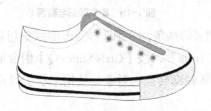

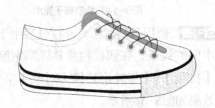

图5-19　制作鞋带孔　　　　　　　　　　　　图5-20　绘制鞋带

STEP 8 按【Shift】键分别选择绘制的鞋带图形，在属性栏中单击"轮廓笔"按钮，打开"轮廓笔"对话框，在"颜色"下拉列表中选择浅灰色，在"宽度"数值框中输入

"1.5mm"，在"线条端头"下拉列表中单击选中"圆头"单选项，单击 确定 按钮，效果如图5-21所示。

STEP 9 选择需要调整的鞋带，按【Ctrl+Shift+Q】组合键转换为对象，使用形状工具编辑鞋带不符要求的线端，效果如图5-22所示。

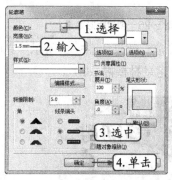

图5-21 设置轮廓参数

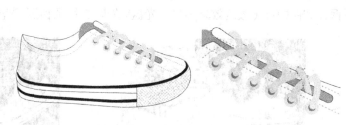

图5-22 将轮廓转换为对象

（三）装饰运动鞋

绘制完运动鞋后，需要为其添加图案、颜色、阴影等进行装饰，并将其移至背景上，其具体操作如下。（🎬微课：光盘\微课视频\项目五\装饰运动鞋.swf）

STEP 1 使用智能填充工具 🖌 单击鞋口部分，创建新的图形，选择交互式填充工具 🖌，单击选择创建的图形，从左上到右下拖动创建渐变，分别选择起点与终点控制方块，通过单击调色板中灰色色块设置渐变颜色，效果如图5-23所示。

STEP 2 使用贝塞尔工具在鞋面上绘制图形，取消轮廓，单击界面下方文档调色板中的"71、0、78、0"CMYK色块，对左侧的图形进行复制向下错位放置，填充为黑色，置于蓝色图形下方，效果如图5-24所示。

图5-23 渐变填充鞋口

图5-24 绘制鞋面装饰图形

STEP 3 复制源文件提供的"运动鞋花纹.cdr"文件中的花纹（素材参见：光盘\素材文件\项目五\任务二\运动鞋花纹.cdr），粘贴到运动鞋上，调整其大小与位置，效果如图5-25所示。

STEP 4 框选所有运动鞋元素，按【Ctrl+G】组合键进行群组，选择交互式阴影工具 🔲，从鞋子中心向边缘拖动创建阴影效果，如图5-26所示。

知识补充

默认情况下系统会将最近使用的颜色添加到文档调色板中，文档调色板一般显示在状态栏上方。若没有显示文档调色板，可选择【窗口】→【调色板】→【文档调色板】菜单命令显示出文档调色板。

图5-25　添加花纹　　　　　　　　　图5-26　创建阴影效果

STEP 5 将运动鞋移至前面制作的背景左侧，旋转至合适角度，效果如图5-27所示。完成后保存文件即可（最终效果参见：光盘\效果文件\项目五\潮流运动鞋横幅.cdr）。

图5-27　调整运动鞋位置与角度

任务二　设计化妆品包装

化妆品包装主要分为包装瓶和包装盒效果，使用填充工具和交互式填充工具可以为包装制作逼真的色彩效果，本任务将进行详细介绍。

一、任务目标

本任务首先将勾勒化妆品包装轮廓，然后填充对象制作化妆品包装效果。通过本任务的学习，可以掌握使用填充工具、交互式填充工具和智能填充工具填充对象的方法。本任务制作完成后的最终效果如图5-28所示。

图5-28　化妆品包装效果

二、相关知识

在制作本任务过程中将涉及一些填充方式与填充工具的使用，下面将对相关的知识进行了解。

（一）单色填充

单色填充又称均匀填充，是最简单的填充方式，可通过调色板或"均匀填充"对话框来实现。使用调色板填充的方法较为简单，只需拖动色块到图形上或左键单击色板中的色块即可，下面主要介绍"均匀填充"对话框的填充方法。

按住工具箱中的填充工具 不放，在打开的面板中选择均匀填充工具 ■ 或按【Shift+F11】组合键，即可打开"均匀填充"对话框，与调色板相比，对话框的颜色选择范围更广，自由选择性也更强，其中提供了"模型""混和器""调色板"3种调色模式。

- **"模型"模式**：提供了完整的色谱。在"模型"下拉列表中选择颜色模式，在左侧的颜色框右侧拖动滑块设置颜色范围，在颜色框单击鼠标可以选择颜色，单击 ✎ 按钮可在界面任何位置取色。也可以在右侧"组件"栏中设置需要的颜色值。单击 加到调色板(A) ▼ 按钮可将其添加到界面的调色板中。

- **"混和器"模式**：主要功能是通过组合其他颜色来生成新的颜色，通过旋转色环或从"色度"下拉列表框中选择颜色的形状样式。单击色环下方的颜色块可以选择所需的颜色，拖动"大小"滑条可以调整颜色的数量，如图5-29所示。

- **"调色板"模式**：该模式的主要功能是通过选择CorelDRAW X6中现有的颜色来填充图形，在"调色板"下拉列表框中可选择需要的色块，如图5-30所示。

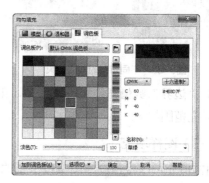

图5-29　"混合器"模式　　　　　　　　图5-30　"调色板"模式

（二）渐变色填充

渐变色填充可以使图形呈现出从一种颜色到另一种或多种颜色渐变的过渡效果，从而使图形符合光照产生的色调变化，使之具有立体感。单击工具箱中的填充工具 ◆ 不放，在打开的面板中选择渐变填充工具 ■ 或按【F11】键，打开如图5-31所示的"渐变填充"对话框，设置渐变类型、角度与颜色，单击 确定 按钮即可，对话框中主要参数的含义介绍如下。

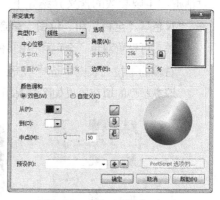

图5-31　"渐变填充"对话框

- **"类型"下拉列表**：渐变填充提供了线性、射线、圆锥、方角4种渐变类型，不同渐变类型的填充效果如图5-32所示。

图5-32　射线渐变效果、辐射渐变效果、圆锥渐变效果、方角渐变效果

- **"颜色调和"栏**：设置颜色调和的方式和渐变颜色，若单击选中"双色"单选项，可

在下方的两个颜色下拉列表中分别设置渐变起点与终点颜色；若单击选中"自定义"单选项，可在下方的渐变框上方双击虚线区域滑块区添加颜色滑块，选择的滑块将呈黑色显示，选择滑块后，可设置位置与颜色，双击选择的颜色将删除该滑块。

● **"角度"数值框**：可设置线性、圆锥、方角渐变的方向，如图5-33所示为不同方向的线性渐变效果。

● **"步长"数值框**：单击其后的▣按钮进行解锁，输入相应数值可设置颜色过渡的色阶，值越大，过渡色越多，过渡效果越自然，如图5-35所示为不同步长值的渐变效果。

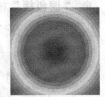

图5-33 不同方向的渐变效果　　　　　　　　图5-34 不同步长的渐变效果

● **"边界"数值框**：可设置线性、射线、方角渐变的颜色渐变过渡范围，值越大，填充范围越大。

（三）图样填充

图样填充可以将预设的图案按平铺的方式进行填充。选择图形对象后，按住工具箱中的填充工具🞂不放，在打开的面板中选择"图案填充"选项，打开"图案填充"对话框，设置相关参数后单击 确定 按钮即可，如图5-35所示。对话框中主要参数的含义介绍如下。

图5-35 "图样填充"对话框

● **"双色""全色"和"位图"单选项**：选中相应单选项，可设置双色、全色和位图3种图案填充类型，在右侧的下拉列表框中选择填充图样即可，不同图案填充类型的填充效果如图5-36所示。

图5-36 双色、全色和位图图样填充效果

● **"原始"栏**：设置图案进行填充后相对于图形的位置。

● **"大小"栏**：设置填充图案中单个图案的宽度与高度。

● **"变换"栏**：设置图案的倾斜与旋转角度。

● **"行或列位移"栏**：单击选中"行"或"列"单选项，在"平铺尺寸"数值框中输入位移值，可使图案产生错位效果。

- **"将填充与对象一起变换"复选框**：单击选中该复选框，将填充对象进行倾斜或旋转操作时，填充图案会随对象一起变换。
- **"镜像填充"复选框**：单击选中该复选框，将对填充图案进行镜像操作，产生对称图案的填充效果。
- **浏览(I)...　按钮**：单击该按钮可打开"导入"对话框，在其中可选择计算机中保存的图样导入到"图样"下拉列表框中。
- **删除(E)　按钮**：在"图样"下拉列表框中选择图样后单击该按钮可从该列表框中删除该图样。
- **创建(A)...　按钮**：单击该按钮在打开的图案编辑器中可单击左键或手绘需要的图样，单击鼠标右键可取消该位置的图案颜色，如图5-37所示。

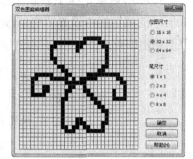

图5-37　图案编辑器

单击　确定　按钮可将创建图样添加到"图样"下拉列表框中。

（四）纹理填充

纹理填充的效果是位图，是使用随机的小块图案生成的填充效果，可以模仿很多材料效果和自然现象。选择对象后按住工具箱中的填充工具 不放，在打开的面板中选择底纹填充工具 ，打开如图5-38所示的"底纹填充"对话框，在"底纹库"下拉列表框中可选择底纹库，在"底纹列表"列表框中可选择底纹样式。在右侧可设置选择底纹的参数。

图5-38　"底纹填充"对话框

（五）PostScript填充

PostScript填充是建立在数学公式基础上的，是用PostScript语言设计出的一种效果非常特殊的填充类型。但由于使用该填充方式会占用较多的系统资源，并不经常使用。按住工具箱中的填充工具 不放，在打开的面板中选择PostScript填充工具 ，打开"PostScript底纹"对话框，在其中即可进行相应设置。

（六）认识交互式填充工具

交互式填充工具可以实现与填充工具相同的效果，如单色、渐变、图样等，但其操作更为便捷。选择填充的对象后，选择工具箱中的交互式填充工具 ，在属性栏设置填充方式，填充纯色、渐变色或图案等，在对象上拖动鼠标即可创建填充效果。通过拖动填充的控制点或边框角上的控制点可设置填充的旋转角度、填充图案的大小、图案的倾斜度等，如图5-39所示。选择交互式填充工具后，默认在对象上拖动鼠标将创建黑白的线性渐变填充效果。

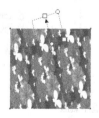

图5-39　交互式填充工具

（七）智能填充工具

智能填充工具◙可以直接对对象的重叠区域进行填充，并且可以快速地在两个或多个相重叠的对象中创建新对象，同时也可以对单个图形对象进行填充。

选择图形对象，在工具箱中选择智能填充工具◙，此时鼠标指针变为┼形状，在如图5-40所示的属性栏中设置填充的颜色、轮廓色和轮廓宽度等参数，然后将鼠标指针移到图形对象上单击即可为图形填充指定的颜色。

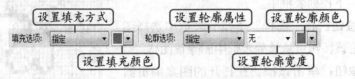

图5-40 智能填充工具属性栏

三、任务实施

（一）使用填充工具

利用填充工具可对图形进行纯色、渐变色、图案、纹理、图样等填充，其填充方法相似，下面将利用填充工具的渐变填充绘制化妆品包装瓶，其具体操作如下。（▣微课：光盘\微课视频\项目五\使用填充工具.swf）

STEP 1 使用矩形工具绘制玻璃瓶瓶盖的圆角矩形，如图5-41所示。

STEP 2 选择绘制的图形，选择填充工具◇，在打开的面板中选择渐变填充工具█，或按【F11】键打开"渐变填充"对话框。

STEP 3 在对话框中的"类型"下拉列表中选择"线性"选项，单击选中"自定义"单选项，用鼠标单击其左侧的黑色方块█，然后在右侧的颜色选择框中单击色块即可设置渐变的起始色。在渐变颜色设置框的上边缘双击插入过渡色彩控制点，标记为一个黑色倒三角形▾。在选择该控制点时，在右侧颜色选择框中设置颜色，拖动该控制点可以移动过渡色彩的位置。这里设置灰度渐变，依次设置色彩控制点的K值为"70、10、30、76、0、10、40、80、0、70"，单击█确定█按钮，取消轮廓，如图5-42所示。

图5-41 绘制玻璃瓶瓶盖

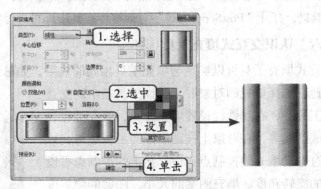

图5-42 使用填充工具渐变填充瓶盖

STEP 4 使用矩形工具绘制玻璃瓶瓶身的圆角矩形，按【F11】键打开"渐变填充"对话框，使用相同的方法创建灰色渐变，依次设置色彩控制点的K值为"50、0、20、20、20、0、50"，单击<u>确定</u>按钮，取消轮廓，如图5-43所示。

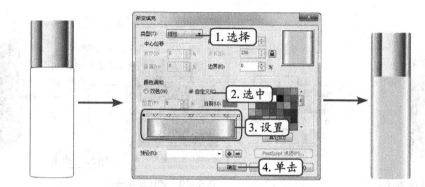

图5-43 使用填充工具渐变填充瓶身

STEP 5 使用贝塞尔工具，在瓶盖上面下面、瓶身下面绘制细节图形，将瓶身下方的图形置于图层下方。

STEP 6 为瓶盖上面的图形创建线性渐变填充，相关色彩控制点的K值为"70、0、100、0、100、20"，右键拖动该图形至瓶盖下方的靠下图形上，释放鼠标在弹出的快捷菜单中选择"复制填充"命令，复制填充渐变，将瓶盖下方的靠上图形填充为白色，如图5-44所示。

STEP 7 为瓶身下方的图形创建线性渐变填充，在"渐变填充"对话框中设置角度为"90"，设置起点和终点色彩控制点的K值为"50、0"，右键拖动该图形至瓶盖下方的靠下图形上，释放鼠标在弹出的快捷菜单中选择"复制填充"命令，复制填充渐变，将瓶盖下方的靠上图形填充为白色，如图5-45所示。

STEP 8 选择瓶身图形，选择交互式透明工具，从中心位置按住鼠标左键不放向下拖动鼠标创建渐变透明效果，如图5-46所示。

图5-44 添加细节　　　　图5-45 填充细节图形　　　　图5-46 创建透明效果

（二）使用交互式填充工具

使用交互式填充工具可通过拖动鼠标创建填充效果，通过其属性栏编辑填充效果，下面使用交互式填充工具填充包装盒等图形，其具体操作如下。（微课：光盘\微课视频\项目五\使用交互式填充工具.swf）

STEP 1 绘制内包装盒轮廓图形，选择左侧的图形，选择交互式填充工具，从中间箱左侧拖动创建渐变填充，如图5-47所示。

STEP 2 选择左侧的控制点，单击属性栏中的第二个颜色下拉按钮，在打开的下拉列表

中单击 更多(O)... 按钮，打开"选择颜色"对话框，单击"模型"选项卡，在右侧的"C"数值框中输入"81"，单击 确定 按钮，效果如图5-48所示。

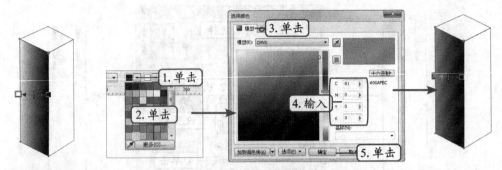

图5-47　创建渐变填充　　　　　　　　　　　图5-48　调整填充颜色

知识补充

使用交互式填充工具 ⬦ 创建2个以上颜色控制点的渐变时，可在控制线上双击添加颜色控制点，单击选择该控制点，在属性栏中将只出现一个颜色下拉列表框，通过该下拉列表框可设置选择颜色控制点的颜色。

STEP 3 选择右侧的颜色控制点，打开"选择颜色"对话框，在"C"和"M"数值框中输入"100、20"，如图5-49所示。

STEP 4 选择其他面的图形，分别创建线性渐变填充效果（上面C:100、C:40；右侧面C:100、C:60,Y:20）。绘制包装盒外盒图形，分别为各面创建线性渐变填充效果（盖面和盖左侧面K:40、K:10；盖右侧面K:20、K:0，下左侧K:30、K:20、K:30；下右侧K:20、K:10、K:10），取消轮廓，填充控制柄的拖动方向如图5-50所示。

STEP 5 使用钢笔工具绘制缝隙等细节图形，取消轮廓，填充为相关颜色（缝隙K:50、中间的阴影C:77,M:9,Y:20,K:23），效果如图5-51所示。

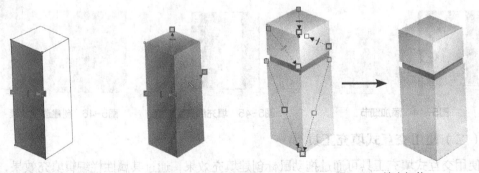

图5-49　设置渐变颜色　　　　图5-50　渐变填充图形　　　　图5-51　填充细节

STEP 6 继续绘制瓶子图形，选择瓶颈处的图形，选择填充工具 ⬦，在打开的面板中选择均匀填充工具 ■，或按【Ctrl+F11】键打开"均匀填充"对话框。

STEP 7 单击"模型"选项卡，在右侧的"C"和"K"数值框中输入"100、30"，单击 确定 按钮。右键拖动该图形至瓶下方的靠上的图形上，释放鼠标在弹出的快捷菜单中选择"复制填充"命令，复制均匀填充。使用相同的方法将下方的图形的CMYK填充为"100、0、0、30"，单击 确定 按钮，如图5-52所示。

STEP 8 选择瓶身与瓶盖，取消轮廓，分别为其创建线性渐变填充效果（瓶盖K值为"80、30、10、10、0、0、10、30、70"；瓶身颜色值分别为C:100、M:20，第2、3、4颜色控制点均为C:40，C:20、K:20，C:40，C:60、Y:20，C:100、M:20，C:100，C:100、M:20，C:40；中间渐变条K值分别为"0、0、70"），取消轮廓，填充控制柄的拖动方向如图5-53所示。

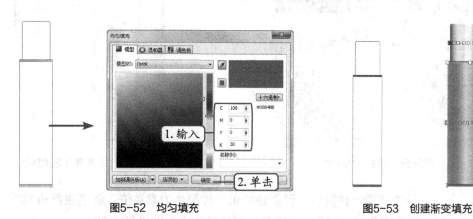

图5-52 均匀填充　　　　　　　　　　　　　图5-53 创建渐变填充

（三）创建与更改颜色样式

使用颜色样式可以将现有的图形颜色更改为其他颜色，且配合合理、整体效果不会发生变化，其具体操作如下。（🎬微课：光盘\微课视频\项目五\创建与更改颜色样式.swf）

STEP 1 复制蓝色的瓶子图形，选择【窗口】/【泊坞窗】/【颜色样式】菜单命令，打开"颜色样式"泊坞窗，如图5-54所示。

STEP 2 框选复制的瓶子的瓶盖以外部分，将其拖动到"颜色和谐"列表中，打开"创建颜色样式"对话框，保持默认设置，单击 确定 按钮，如图5-55所示。

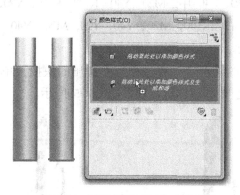

图5-54 打开"颜色样式"泊坞窗

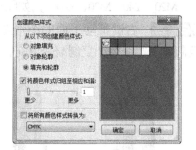

图5-55 创建颜色样式

STEP 3 返回工作区查看"颜色样式"泊坞窗创建的一组颜色值，单击前面的🔲图标全选该组颜色，在下方和谐编辑器边缘上的绿色控制点上按住鼠标左键不放，沿圆的边缘拖动至如图5-56所示的红色区域。查看选择部分的颜色整体偏向红色。

STEP 4 使用相同的方法继续复制瓶子，创建颜色样式组，在下方和谐编辑器边缘上的控制点上按住鼠标左键不放，沿圆的边缘拖动至左上角位置，创建草绿色的瓶子，效果如图5-57所示。

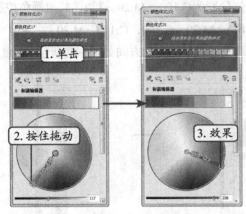

图5-56　调整颜色样式

图5-57　创建草绿色的瓶子

单击选择一种颜色，可单独编辑一种颜色的参数值。创建颜色和谐后，再次更改颜色时，应用该颜色的图形的颜色将自动进行改变。

（四）使用智能填充工具

使用智能填充工具能够方便的为图形的重叠区域、线条与图形围成的区域创建新的图形并进行纯色填充，下面使用智能填充工具绘制口红和文字标志，其具体操作如下。（⊙微课：光盘\微课视频\项目五\使用智能填充工具.swf）

STEP 1 使用贝塞尔工具分别绘制口红各部分的图形，取消轮廓，分别使用交互式渐变填充工具创建线性渐变填充（左图C20、M100、Y100，C62、M39，M36、Y20，M20、Y10，M20、Y20，M71、Y47，M100、Y100，M60、Y60、K40　中图M20、Y40，K100，K100，Y20，Y20，K10，K100，K100，M20、Y40、0，M20、Y40 右图K100，M20、Y40，Y20，M20、Y40，K100，K100，M20、Y40，M20、Y40），如图5-58所示。

STEP 2 右键拖动下面的图形至最下方的图形上，释放鼠标在弹出的快捷菜单中选择"复制填充"命令，复制渐变填充，调整颜色控制点位置，效果如图5-59所示。

图5-58　口红各部分的图形

图5-59　调整颜色控制点位置

STEP 3　使用贝塞尔工具分别绘制口红下面的外壳图形，取消轮廓，使用交互式渐变填充工具创建线性渐变填充，颜色在K90到K100之间变换，效果如图5-60所示。

STEP 4　使用贝塞尔工具在口红上端绘制曲线，使用智能填充工具单击曲线上面的部分，创建新的图形，删除线条，取消创建图形的轮廓，使用交互式渐变填充工具创建线性渐变填充，起点与结束点的CMYK颜色值分别为"0、100、100、0""0、60、40、0"，如图5-61所示。

图5-60　绘制外壳图形　　　　　　　　　　图5-61　创建智能填充

STEP 5　选择文本工具，输入文本，在属性栏设置文本字体为"Arial"，拖动右侧控制点调整文本宽度，使用贝塞尔工具在口红上端绘制线条，效果如图5-62所示。

STEP 6　选择智能填充工具，在属性栏设置填充为"白色"、"无轮廓"，分别单击线条下面的文本部分，创建新的白色图形，继续在文本下方输入文本，在属性栏设置文本字体为"Arial"，调整大小，效果如图5-63所示。

图5-62　输入文本并绘制线条　　　　　　　　图5-63　创建智能填充

　　使用智能填充工具可以填充封闭的区域，填充图形时将会复制图形，如果多次进行单击可生成多个图形对象。

STEP 7　将绘制的包装图形分别放置到合适位置，添加文本到包装上，调整大小并旋转角度，放置到合适位置，分别群组各包装，效果如图5-64所示。

STEP 8　复制前面的五个包装进行镜像操作，选择复制的图形，选择【位图】/【转换为位图】菜单命令，转换为位图，使用交互式透明工具从上到下拖动创建渐变透明效果，如图5-65所示。保存文件完成本例操作（最终效果参见：光盘\效果文件\项目五\任务二\化妆品包装设计.cdr）。

　　使用交互式填充工具创建渐变填充时，可通过属性栏设置各颜色节点的具体位置。

图5-64　群组各包装　　　　　　　　　　图5-65　完成后的效果

任务三　写实香蕉

使用CorelDRAW 的网格填充工具可以对图形进行多种颜色的填充，可以制作一些仿真的实物效果，本例将使用CorelDRAW X6的交互式填充对香蕉进行写实，本例制作完成后的最终效果图5-66所示。

图5-66　写实香蕉效果

一、任务目标

在绘制的过程中，首先需要绘制出香蕉的大致形状，然后再对其填充相应的颜色。通过本例的学习，可以掌握交互式网状填充工具的具体使用方法。

二、相关知识

除了前面介绍的填充工具外，CorelDRAW中还提供有滴管工具、油漆桶工具、交互式网格填充工具等，下面将分别对其进行讲解。

（一）滴管工具和油漆桶工具

滴管工具🖋和油漆筒工具🖍是两个相互结合的工具。吸管工具主要用于获取图形对象中的局部颜色，可在任意目标对象（如图形、文本和位图等）中使用；油漆筒工具则主要用于将吸管工具所获取的颜色填充到目标对象中。

- **滴管工具🖋**：要使用滴管工具🖋吸取颜色，可选择工具箱中的滴管工具🖋，移动鼠标指针至工作区或绘图区后，鼠标光标将变为🖋形状，此时对需汲取颜色的对象单击鼠标即可。
- **油漆筒工具🖍**：用滴管工具🖋吸取颜色后，便可以非常方便地使用油漆筒工具对图形对象填充颜色。其方法为按住工具箱中的滴管工具🖋不放，在打开的面板中选择

"油漆筒"选项切换为油漆筒工具，移动鼠标指针到需填充颜色的对象上，单击鼠标即可将汲取的颜色填充到该对象上。

（二）交互式网状填充工具

使用交互式网状填充工具▦选择图形时，被填充对象上将出现分割网状填充区域的经纬线。选择其中的一个或多个颜色节点后，可以分别为其设置不同的填充颜色，而且每个区域的大小可以随意设置，从而创造出自然而柔和的过渡填充效果，如图5-67所示，其中节点的编辑方法同曲线相同，同样可进行拖动、添加、删除等操作。在属性栏还可设置选择节点的方式，单击◆按钮可平滑网状填充节点的颜色。

图5-67　交互式网状填充效果

三、　任务实施

（一）使用交互式网状工具创建主网格

下面将绘制香蕉的基本形状，使用交互式网状工具创建主网格，其具体操作如下（🎬微课：光盘\微课视频\项目五\使用交互式网状工具创建主网格.swf）。

STEP 1　在CorelDRAW中新建图形文件，然后将其保存为"香蕉写实.cdr"。

STEP 2　选择工具箱中的贝塞尔工具▨绘制香蕉曲线图形，然后按【F10】键切换到形状工具▨，并对绘制的图形进行调整，如图5-68所示。

STEP 3　在香蕉上方绘制矩形，选择【视图】/【线框】菜单命令，切换到线框模式，选择矩形取消轮廓，选择工具箱中的交互式网状工具▦，在属性栏中设置行数为"4"，列数为"1"，按【Enter】键，在矩形上将出现设置的网格，如图5-69所示。

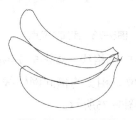

图5-68　绘制香蕉轮廓

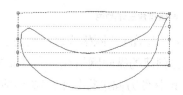

图5-69　设置网格线

知识补充

若直接在绘制的轮廓上创建网格可能会使网格的节点不易调整，绘制矩形后，选择工具箱中的交互式网状工具▦将为选择的图形创建网格，且填充为白色。选择线框模式方便网格按绘制的香蕉轮廓进行调整。

STEP 4　选择颜色节点，将出现控制手柄，使用编辑曲线的方法分别拖动网格线或颜色节点的控制手柄，调整网格线的位置，如图5-70所示。

STEP 5　为了方便曲线的造型可单击网格线，在出现的◆图标上单击鼠标右键，在弹出的快捷菜单中选择"添加节点"命令，添加网格线的控制节点，通过拖动该节点进行造型，使网格沿香蕉轮廓进行分布，效果如图5-71所示。

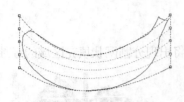 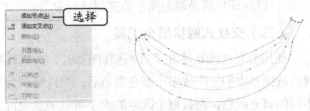

图5-70　调整主网格线　　　　　　　　　　　图5-71　添加网格线的控制节点

（二）创建详细网格

在添加主网格的基础上，需要进一步添加详细的网格，以方便颜色的填充，其具体操作如下（ 🎬微课：光盘\微课视频\项目五\创建详细网格.swf）。

STEP 1　选择【视图】/【正常】菜单命令，切换到正常显示模式，选择选择工具，取消网格的轮廓。

STEP 2　选择交互式网格填充工具▦，框选所有颜色节点，在属性栏的"网格颜色填充"下拉列表中单击 更多(O)... 按钮，在打开的对话框中选择香蕉主主体颜色，这里设置为"R:151、G:42、B:94"，如图5-72所示。

STEP 3　双击网格线，或单击网格线，在出现的 ✛图标上单击鼠标右键，在弹出的快捷菜单中选择"添加交叉点"命令，创建纵向网格线，拖动控制柄与网格线，效果如图5-73所示。

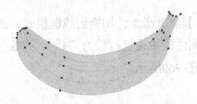 

图5-72　设置香蕉主体颜色　　　　　　　　　　图5-73　添加交叉点

STEP 4　继续双击横向的网格线，创建与之相交的纵向网格线，如图5-74所示。

STEP 5　双击创建的纵向网格线，为其添加与单击位置相交的横向网格线，且添加的网格线将自动沿主网格线方向进行分布，整个网格效果如图5-75所示。

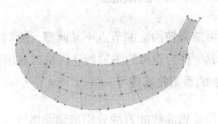 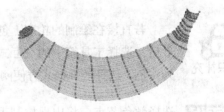

图5-74　添加纵向网格线　　　　　　　　　　　图5-75　添加横向网格线

（三）填充网格

网格创建后，需要对其中的颜色节点进行填充。在进行网格颜色填充时需要把握好颜色的走向，颜色的搭配，可对照实物进行填充，其具体操作如下（微课：光盘\微课视频\项目五\填充网格.swf）。

STEP 1 按住【Shift】键一次单击需要添加为一种颜色的颜色节点，选择【窗口】/【泊坞窗】/【彩色】菜单命令，在打开的"颜色"泊坞窗中单击"自动应用颜色"按钮，激活该按钮，然后在泊坞窗中设置颜色，此时，选中的节点将自动应用设置的颜色，如图5-76所示。

STEP 2 根据相同的方法继续选择香蕉的其他颜色节点，通过"颜色"泊坞窗进行填充，如图5-77所示。

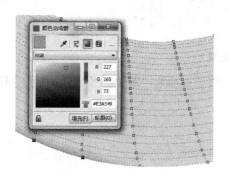

图5-76 填充颜色节点

图5-77 填充香蕉

STEP 3 分别选择香蕉头尾两部分，将显示比例放大，方便颜色填充，分别在"颜色"泊坞窗中进行颜色节点的填充，效果如图5-78所示。

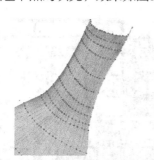

图5-78 填充香蕉头尾颜色

STEP 4 使用相同的方法网格填充其他香蕉，效果如图5-79所示。

STEP 5 绘制三根香蕉的连接部分，取消轮廓，选择交互式网格填充工具，在属性栏中将行数和列数分别设置为"50"，按【Enter】键创建网格，分别选择颜色节点，在"颜色"泊坞窗中进行颜色节点的填充，效果如图5-80所示。

图5-79 填充其他香蕉

图5-80 绘制与填充香蕉蒂

STEP 6 导入"香蕉背景.jpg"图像（素材参见：光盘\效果文件\项目五\任务三\香蕉背景.jpg），调整大小，按【Enter+Home】组合键置于页面后面，框选并按【Ctrl+G】组合键群组香蕉图形，移动到合适位置，如图5-81所示。

图5-81　导入背景

STEP 7 完成后保存文件，完成本例的制作（最终效果参见：光盘\效果文件\项目五\任务三\写实香蕉.cdr）。

实训一　绘制居室平面图

【实训要求】

本实训要求按照尺寸要求绘制居室平面图，绘制完成后的最终效果如图5-82所示。

【实训思路】

完成本实训，需先新建一个图形文件，然后使用工具绘制出平面图的大致形状，然后进行轮廓设置、填充颜色、填充图样，添加素材等操作。

【步骤提示】

STEP 1 新建一个图形文件，在"选项"对话框中设置"典型比例"为1:100，设置页面的大小为180×170。

STEP 2 使用贝塞尔工具沿添加的辅助线绘制出平面图的外轮廓。

STEP 3 分别对绘制的线条进行设置，然后绘制门和窗户图形。

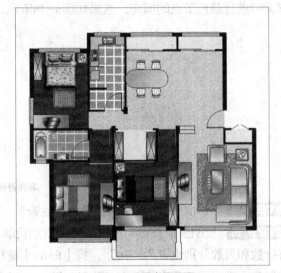

图5-82　居室平面图

STEP 4 沿房间大小绘制矩形，对其设置厨房与卫生间为双色填充效果，颜色自定，将卧室与客厅分别填充素材中提供的"地砖.png""木地板.png"图样，注意将其放置在图形的最下层，作为地板图形。

STEP 5 导入"地毯1.jpg""地毯2.jpg""床1.png""床2.png"和"床3.png"素材文件（素材参见：光盘:\素材文件\项目四\实训一\），然后绘制其余家具图形，并使用交互式填充工具为其填充相应的颜色。完成后保存即可（效果参见：光盘:\效果文件\项目四\实训一\

居室平面图.cdr）。

实训二 设计创意苹果标志

【实训要求】

本实训要求用CorelDRAW绘制"创意苹果标志"，在
绘制的过程中，首先需要绘制出苹果的大致形状，然后再对
其填充相应的颜色。通过本例的学习，可以掌握交互式填充
的使用方法等知识，包括交互式填充工具和交互式网状填充
工具等。本例制作完成后的最终效果图5-83所示。

图5-83　创意苹果标志

【实训思路】

根据实训要求，本实训可先绘制出辐射渐变背景，再绘制出苹果的大致形状，然后再对
其填充相应的颜色。

【步骤提示】

STEP 1 新建一个图形文件，绘制背景矩形，取消轮廓，使用交互式填充工具创建辐射
渐变填充效果。

STEP 2 使用贝塞尔工具绘制出苹果大致轮廓，使用交互式网格工具创建9行12列的网
格，使用"颜色"泊坞窗口对颜色控制点进行填充。

STEP 3 绘制苹果把，使用交互式网格工具创建网格，填充苹果把。

STEP 4 绘制标签与标签绳子，取消轮廓，创建渐变填充效果，绘制线条，设置线条颜
色为浅黄色。

STEP 5 在苹果上绘制苹果肉区域，取消轮廓，填充为浅黄色，输入文本，设置字体为
"Arial，加粗"，按【Ctrl+K】组合键进行拆分，进行适当旋转，将其填充为苹果肉的颜
色。完成后保存即可（效果参见：光盘:\效果文件\项目五\实训二\创意苹果设计.cdr）。

常见疑难解析

问：当轮廓线为虚线的时候，填充效果会从空隙的地方溢出吗？

答：不会。当对象的轮廓线的样式被设置为虚线时仍然是封闭的图形，因此并不影响对
象颜色的填充。

问：给曲线添加了箭头后，为什么使用选择工具单击箭头不能选择该曲线呢？

答：因为箭头只是样式，是附属于曲线的，所以使用选择工具单击曲线上的箭头不能选
择该曲线。

**问：有时将图形轮廓加粗后，轮廓就出现了毛刺现象，这个问题可以解决吗？如果可
以，该怎样解决？**

答：可以。出现毛刺现象后，选择该图形，再打开"轮廓笔"对话框，在该对话框的

"角"栏中选中第二个单选项和"线条端头"栏中的第二个单选项。

问：在CorelDRAW X6中可以为未封闭的路径填充颜色吗？

答：可以的，不过需要进行设置。选择【工具】/【选项】菜单命令，在打开的"选项"对话框中选择"文档"下的"常规"选项，然后单击选中"填充开放式曲线"复选框即可。系统默认情况下该复选框不被选中。

问：在使用交互式网状填充工具填充图形时，双击网格中的虚线时，将会自动添加一条网格线，怎样才能只添加节点呢？

答：按【Shift】键的同时用鼠标双击网格中的虚线，则可只在双击处添加节点而不添加网格线。

问：为什么在使用滴管工具吸取颜色时，在"颜色"泊坞窗中没有显示该颜色的颜色值呢？

答：使用滴管工具吸取颜色时，需要在其属性栏中左侧的下拉列表框中选择"示例颜色"选项，在吸取颜色时才会显示颜色值。

拓展知识

1. 24色环

光从物体反射到人的眼睛可引起一种视觉心理感受。色彩按字面含义上理解可分为色和彩，所谓色是指人对进入眼睛的光并传至大脑时所产生的感觉，彩则指多色的意思，是人对光变化的理解。在对色彩进行搭配前，需要对24色环有一定的掌握，这样在搭配色彩上才不会出错，24色环的颜色值如图5-84所示。

2. 颜色的相关知识

在进行作品设计时，色彩的运用非常重要，下面就先来了解一下色彩的联想与象征和色彩的冷暖对比。

● **色彩的联想与象征**：每一种色彩都能引起人们的一些联想，而且每一种颜色也能代表其独特的象征意义。如图5-85所示为常见颜色给人的色彩感受。

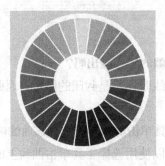

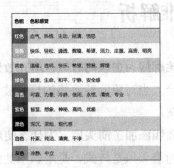

图5-84 24色环   图5-85 色彩的联想

● **色彩的冷暖对比**：色彩有冷色和暖色之分。其中冷色给人以寒冷、清爽的感觉，如蓝色，而暖色给人以温暖和热情的感觉，如红色和橙色。将冷色与暖色合理搭配可产生强烈的对比效应，给人以极具冲击力的视觉效果。

● **色彩搭配相关概念**：在学习色彩搭配前需要先了解一下类似色、对比色、互补色的概念。在色相环上相隔60°的色彩互为类似色，例如红色与橙红、黄与绿、绿与青等；相隔120°的色彩互为对比色，例如红与黄、橙与绿、青与红等；相隔180°的色彩互为互补色，例如黄与紫、橙与青等。

3. **常用色彩搭配**

常用色彩搭配有很多种类，其中包括同类色搭配、临近色搭配、类似色搭配、互补色搭配、对比色搭配、有彩色和无彩色搭配、色彩渐变等几种情况，下面将分别对其进行讲解。

● **同类色搭配**：先选择一种色彩作为整幅画面的基础色，然后用明度对比显示的色彩来进行搭配，这样能给人以安静清爽的感觉。

● **临近色搭配**：使用色相环上位置临近的颜色进行搭配，能够使整个画面取得协调、调和的感觉。

● **对比色搭配**：使用色相环上相隔120°的色彩进行搭配，如黄与青、红与黄、青与红等，可以给人以鲜明强烈、饱满、活跃、兴奋的感觉。

● **有彩色和无彩色搭配**：有彩色和无彩色搭配时，如果无彩色的范围较大，能营造出一种宁静的氛围；如果大面积有彩色搭配白色或灰色，可以得到明亮轻快的效果。

● **类似色搭配**：使用色相环上相隔60°左右的色彩进行搭配，如红与黄和橙、黄与绿等，这样能给人以明快耐看的感觉。

● **互补色搭配**：使用色相环上相隔180°的两个色彩进行搭配，如红与绿、黄与紫等，可以给人以充实、强烈、运动的感觉。

● **色彩渐变**：如按色相环上的顺序排列色彩，将得到一种雨后彩虹的效果。色彩渐变的配合还有纯度渐变和明度渐变等。

课后练习

（1）根据前面所学知识和你的理解，制作食品的包装袋的平面效果图，制作完成后的最终效果展示如图5-86所示。要实现该效果，具体要求如下。

● 使用矩形工具和多边形工具绘制图形，然后导入素材图片。

● 使用填充工具填充纯色或渐变色，使用交互式透明工具拖动创建线性渐变透明效果。

● 最后导入素材的文本，完成本练习的制作（最终效果参见：光盘\效果文件\项目五\课后练习\包装袋.cdr）。

图5-86　包装袋平面效果

（2）根据前面所学知识和你的理解，制作汽车招贴广告效果，具体要求如下。

● 为背景创建线性渐变填充效果。

● 绘制边角装饰图形，取消轮廓搭配不同深浅的黄色。

● 导入汽车图片，输入文本，在属性栏中设置文本的字体为"方正和平简体、方正隶二简体、方正剪纸简体"，填充文本，设置文本轮廓粗细与颜色，完成本练习的制作，效果如图5-87所示（最终效果参见：光盘\效果文件\项目五\课后练习\汽车招贴广告.cdr）。

图5-87　汽车招贴广告

PART 6

项目六
图形造型与边缘修饰

情景导入

阿秀：小白，并不是所有的图形都需要通过绘制才能得到。为了提高绘图速度，可进行合并、修剪、涂抹与修饰边缘或图框裁剪等造型操作。

小白：通过这些造型功能可以得到哪些图形呢？

阿秀：不同的图形、不同的造型方式、叠放次序都将隐藏造型效果。此外，若需要造型轮廓，在设置转动、涂抹、粗糙、排斥与吸引造型时，还需要对笔尖半径等参数进行设置。

小白：这样啊！你教教我吧。

学习目标

- 掌握图形造型的方法
- 掌握橡皮擦工具、虚拟段删除工具的使用方法
- 掌握图框裁剪与编辑对象的方法
- 掌握粗糙、涂抹、转动、吸引、排斥曲线的方法

技能目标

- 掌握光盘的制作与裁剪方法
- 掌握小说封面插图的制作方法
- 掌握使用造型、裁剪与涂抹功能制作旋转背景、卡通曲线的方法

任务一　制作CD包装

优秀的包装具有艺术观赏价值，更容易受到顾客的青睐。CD包装是常见的包装之一。针对CD的性质、外观、内容、形式、材质不同，可设计出不同类型的CD包装。本例制作的CD包装具有田园风景效果，可用于音乐、艺术类的CD包装。

一、任务目标

本任务将使用刻刀工具、对象的精确裁剪与对象的造型等操作，对CD包装进行制作。本任务制作完成后的效果如图6-1所示。

图6-1　CD包装效果

二、相关知识

本任务制作过程中将涉及到造型对象、合并与拆分对象、橡皮擦工具等知识，下面将对这些知识进行简单的介绍。

（一）造型对象

通过造型对象可对多个对象进行合并、修剪简化和相交等操作，生成更为丰富的图形和效果。选择多个对象后，在属性栏单击相应造型按钮，如图6-2所示，或选择【排列】/【造型】菜单中的相应命令，也可选择【排列】/【造型】/【造型】菜单命令，打开"造型"泊坞窗进行设置，如图6-3所示。

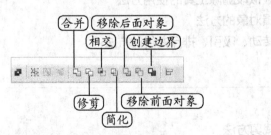

图6-2　属性栏造型按钮

图6-3　"造型"泊坞窗

下面将对各造型方式的区别进行介绍。

● **焊接（合并）对象：**焊接对象是指将多个图形结合生成一个新的图形对象。新的图形以被焊接图形对象的边界为轮廓，对于有重叠的图形对象，焊接后将只有一个轮廓；对于分离的图形对象将形成一个"焊接群组"，相当于单个图形对象，如图6-4所示。

- **修剪对象**：修剪对象是指用一个对象去修剪另一个对象，从而生成新的对象。被修剪的对象将自动删除，且被修剪后的新图形属性与目标对象保持一致，如图6-5所示。
- **相交对象**：相交对象是指通过多个重叠对象的公共部分来创建新对象，新对象的尺寸和形状与重叠区域完全相同，其属性则与目标对象一致，如图6-6所示。

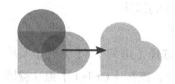 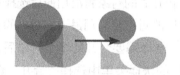 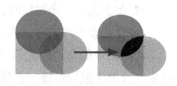

图6-4　焊接（合并）　　　　图6-5　修剪　　　　图6-6　相交

- **简化对象**：简化对象是指清除前面图形对象与后面图形对象的重叠部分，保留剩余部分的操作。对于复杂的图形，使用该功能可以有效减小文件的大小，而且不会影响到作品的外观。如图6-7所示。
- **移除后面对象**：前减后操作可以清除后面的图形以及前后图形的重叠部分，并保留前面图形对象的非重叠部分。该操作与简化对象的功能相似，但不同的是执行前减后操作后，最顶层的对象将被其下几层的对象修剪，修剪后只保留修剪生成的对象，且必须有重叠部分才能执行前减后操作，效果如图6-8所示。
- **移除前面对象**：后减前是前减后的反向操作，是指清除前面的图形以及前后图形的重叠部分，并保留后面图形的非重叠部分，即最底层的对象被其上几层的对象修剪，修剪后只保留修剪生成的对象，效果如图6-9所示。

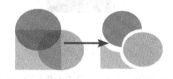

图6-7　简化　　　　图6-8　移除后面对象　　　　图6-9　移除前面对象

- **创建边界**：执行该操作后，其原来的图形不变，但是会围绕原图形创建一个新的图形，效果如图6-10所示。

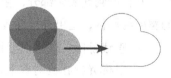

图6-10　创建边界

（二）合并与拆分对象

合并对象是指将多个对象合并为一个对象，与焊接对象不同，合并对象后还可拆分为单独的对象，且合并后偶数重叠的区域将被删除，如图6-11所示两个对象重叠的区域被删除，三个对象重叠的区域将保留。

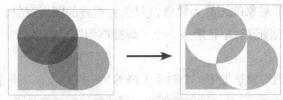

图6-11 合并对象

合并后对象的填充、轮廓等属性将会根据选择对象的方式沿用不同对象的属性，分别介绍如下。

● 单击选择多个对象时，合并后的对象将沿用最后选择对象的属性。

● 框选多个对象时，合并后的对象将沿用最下层对象的属性。

合并对象的方法较为简单，选择需要合并的多个对象后，选择【排列】/【合并】菜单命令，或单击鼠标右键，在弹出的快捷菜单中选择"合并"命令，或按【Ctrl+L】组合键即可进行合并操作。

合并对象后，若要将其拆分为多个对象，可选择合并后的对象选择【排列】/【拆分曲线】菜单命令，或单击鼠标右键，在弹出的快捷菜单中选择"拆分曲线"命令，或按【Ctrl+K】组合键即可进行拆分操作。在CorelDRAW中，创建的多个文本、喷涂样式等都属于合并的图形，可使用拆分操作将其拆分为单独的字符何图形。

（三）对象的基本裁剪

使用裁剪工具█可以矩形裁剪对象上需要的部分，其方法简单，只需选择裁剪工具后，在选择的对象上拖动鼠标绘制裁剪框，完成后按【Enter】键即可实现裁剪，如图6-12所示。

图6-12 对象的基本裁剪

（四）橡皮擦工具

使用橡皮擦工具不仅可以擦除矢量图中不需要的部分，还可对导入的位图进行部分擦除，并自动封闭剩余部分，生成新的图形。在使用橡皮擦过程中，可通过其属性栏设置笔触的宽度与形状，也可进行直线或手绘擦除，分别介绍如下。

● **直线擦除**：选择需要擦除的对象，在工具箱中的裁剪工具组选择橡皮擦工具█，将鼠标光标移到对象上，在起点位置处单击鼠标左键，移动到擦除的终点，再次单击鼠标左键，两点之间的直线区域将被擦除。

● **手绘擦除**：选择需要擦除的对象，在工具箱中的裁剪工具组选择橡皮擦工具█，将鼠标光标移到对象上，按住鼠标左键进行拖动，拖动的轨迹将被擦除。

（五）虚拟段删除工具

虚拟段工具仅用于矢量图形中，可以删除相交对象中相交部分的线段，以产生新的图形。再在工具箱中的裁剪工具组选择虚拟段删除工具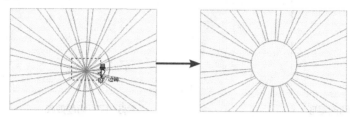，将鼠标光标移至相交的线段上，当鼠标光标呈 形状时，单击鼠标即可完成虚拟段的删除，也可拖动虚线框框选需要删除的多条线段，如图6-13所示。

图6-13　虚拟段删除工具

三、任务实施

（一）使用刻刀工具切割图形

使用刻刀工具可以将一个单独的对象切割为多部分。下面将使用刻刀工具切割CD包装的背景，分别对切割的部分进行填充，制作CD包装效果，其具体操作如下。（<!---->微课：光盘\微课视频\项目六\使用刻刀工具切割图形.swf）

STEP 1 新建横向的空白文件，将其保存为"CD包装"。双击矩形工具新建背景矩形，取消轮廓。

STEP 2 选择交互式填充工具 ，在属性栏中将渐变方式设置为"辐射"，拖动矩形创建由白色到灰色的辐射渐变填充效果，如图6-14所示。

STEP 3 在矩形下部分绘制矩形取消轮廓，使用交互式填充工具在绘制的矩形上进行纵向拖动，创建深灰色到浅灰色的渐变，完成背景的制作，如图6-15所示。

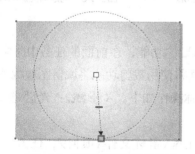

图6-14　创建辐射渐变填充效果

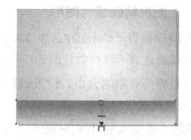

图6-15　创建线性渐变填充效果

STEP 4 选择矩形工具 ，绘制CD的包装，按【Ctrl+Q】组合键将其转曲，在裁剪工具组 中选择刻刀工具 ，将鼠标光标移至需要切割的起点，当鼠标光标呈 状态时，单击定位切割起点，在切割终点处再次单击将沿两点间的直线切割图形，这里在起点处按住鼠标左键不放拖动绘制切割线，当鼠标光标再次呈 状态时在终点位置释放鼠标左键，如图6-16所示。

只有当鼠标光标呈 状态时才能进行切割操作，否则操作无效。对于文本或绘制的形状，需要将其转换为曲线后，才能进行切割操作。

STEP 5 使用相同的方法继续对绘制的矩形进行切割，效果如图6-17所示。

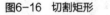

图6-16　切割矩形

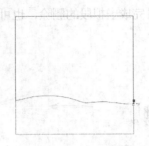

图6-17　切割效果

STEP 6 选择上部分图形，选择交互式网格填充工具 ⊞，在属性栏中将网格行和列均设置为"4"，编辑网格线，分别单击选择节点，在"颜色"泊坞窗中将节点的颜色进行设置，填充后的效果如图6-18所示。

STEP 7 选择下部分的图形，分别为其填充如图6-19所示的纯色或渐变色。

STEP 8 选择交互式透明工具 ♆，单击选择中间的图形，并在其上进行拖动创建线性渐变透明效果，如图6-20所示。

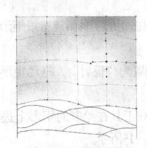

图6-18　网格填充图像　　　　图6-19　填充图形　　　　图6-20　创建渐变透明效果

（二）图框精确裁剪图形

　　图框精确裁剪是CorelDRAW X6中一项非常重要的功能，在前面的任务中时常用到，利用图框精确裁剪可将对象裁剪为任意的形状，下面将使用裁剪功能将城堡图像裁剪到矩形中，并对裁剪的对象的大小、位置进行编辑，其具体操作如下。（ ⊛微课：光盘\微课视频\项目六\图框精确裁剪图形.swf）

STEP 1 复制素材中城堡图形（素材参见：光盘\素材文件\项目六\任务一\CD素材.cdr），调整城堡到合适大小，如图6-21所示。

STEP 2 在包装上绘制矩形，选择城堡图形，选择【效果】/【图框精确裁剪】/【置于图文框内部】菜单命令，这时鼠标光标呈 ➡ 形状，在绘制的矩形中心单击，将城堡裁剪到该矩形中，取消矩形轮廓，效果如图6-22所示。

知识补充

单击的位置将确定内容中心的位置。在城堡上按住鼠标右键的同时拖动到图文框上，当鼠标光标呈 ⊕ 形状时，释放鼠标右键，在弹出的快捷菜单中选择"图框精确裁剪内部"命令，所选对象也可置入到该图文框中。

图6-21　城堡效果　　　　　　　　　　　　　　图6-22　置入城堡到矩形中

STEP 3 框选刻刀工具分隔的绘制与置入的图形，按【Ctrl+Home】组合键将其置于页面前面，选择城堡所在的图形，在下方将出现功能按钮栏，单击"编辑PowerClip"按钮 ，如图6-23所示。

STEP 4 进入编辑图框内容的状态，选择城堡图形，将其移动到合适位置，调整大小，完成后单击下方的"停止编辑内容"按钮 ，效果如图6-24所示。

图6-23　进入编辑图文框内容模式　　　　　　　图6-24　编辑图文框内容

选择图框对象，单击功能按钮栏中的"选择PowerClipe内容"按钮 可选择图框内的内容；单击"提取内容"按钮 可将图框的内容提取出来；单击"锁定PowerClipe内容"按钮 可在变换图文框时不改变图框内容。

（三）移除前面的对象

通过移除前面的对象，可以在下层的图形上移除上层图形的形状，下面将通过该功能裁剪CD包装的半圆缺口和光盘的圆环形状，其具体操作如下。（微课：光盘\微课视频\项目六\移除前面的对象.swf）

STEP 1 复制素材中文本（素材参见：光盘\素材文件\项目六\任务一\CD素材.cdr），调整到包装的合适大小和位置，按【Ctrl+G】组合键群组包装图形，效果如图6-25所示。

STEP 2 在包装上绘制相同大小的矩形，创建水平中心辅助线方便在两侧分别绘制梯形和圆形，如图6-26所示。

STEP 3 按住【Shift】键分别选择矩形、梯形和圆形，在属性栏单击"移除前面对象"按钮 ，或选择【排列】/【造型】/【移除前面对象】菜单命令，裁剪后的效果如图6-27所示。

图6-25　添加文本

图6-26　绘制梯形和圆形

图6-27　移除前面对象

STEP 4　复制群组的包装图形，选择【效果】/【图框精确裁剪】/【置于图文框内部】菜单命令，这时鼠标光标呈 ➡ 形状，裁剪的图形中心单击进行裁剪，在属性栏将轮廓设置"1.5mm"，右键单击白色色块设置白色轮廓，效果如图6-28所示。

STEP 5　绘制光盘的圆，向中心拖动四角的控制点缩小圆，在拖动过程中按住【Shift】键进行中心缩小，至合适大小后单击鼠标右键进行复制。

STEP 6　同时选择光盘的两个圆，在属性栏单击"移除前面对象"按钮，得到圆环效果，使用相同的方法将其裁剪到圆环中，如图6-29所示。

图6-28　图框裁剪图形

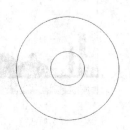
图6-29　移除前面对象

STEP 7　选择光盘，在功能按钮栏单击"编辑PowerClip"按钮，按住【Ctrl】键分别单击群组中的各部分，调整位置与大小，单击城堡所在的图形，继续在功能按钮栏单击"编辑PowerClip"按钮，进入编辑城堡的状态。

STEP 8　选择交互式透明工具，单击选择城堡，并在其上纵向拖动创建线性渐变透明效果，效果如图6-30所示。

STEP 9　完成后单击下方的"停止编辑内容"按钮，在属性栏将轮廓设置"1.5mm"，效果如图6-31所示。

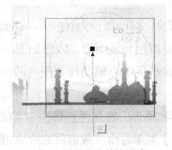
图6-30　编辑内容的透明度

图6-31　编辑后的效果

STEP 10 使用相同的方法在中间制作圆环，取消轮廓将CMYK值填充为"45、100、100、22"，效果如图6-32所示。

STEP 11 再次制作圆环，将轮廓设置为浅灰色，粗细设置为"0.5mm"，选择交互式填充工具，在属性栏将填充方式设置"圆锥"渐变填充，从中心拖动鼠标创建放射渐变的效果，在半弧控制虚线上双击鼠标添加颜色节点，选择节点并设置节点颜色，创建如图6-33所示的锥形渐变填充效果。

图6-32　制作圆环

图6-33　锥形渐变填充圆环

STEP 12 按【Ctrl+G】组合键群组并选择光盘，将其移动到包装右侧，选择【排列】/【顺序】/【置于此对象后】菜单命令，效果如图6-34所示。

STEP 13 按【Ctrl+G】组合键群组包装与光盘，选择交互式阴影工具，从包装中下位置向右下方拖动鼠标创建阴影，效果如图6-35所示。

图6-34　调整叠放顺序

图6-35　创建阴影

STEP 14 完成后保存文件即可（最终效果参见：光盘\效果文件\项目六\任务一\CD包装.cdr）。

任务二　制作小说封面

在小说封面经常需要使用到一些插画图案，使用线条绘制工具与曲线编辑工具绘制这些图案时较为费时，这时可使用一些轮廓造型工具来达到快速造型效果。下面将分别进行介绍。

一、任务目标

本任务将使用笔刷涂抹工具、涂抹工具和粗糙笔刷工具来绘制小说封面的图案，制作时先绘制页面背景，然后绘制并涂抹制作智慧树，最后粗糙与涂抹文本，制作特殊的文本效果。通

过本任务的学习，可以掌握涂抹、粗糙笔刷的方法。本
任务制作完成后的最终效果如图6-36所示。

二、相关知识

在进行本任务的制作时将涉及到对象轮廓的一些处
理与造型操作，除了本任务使用的涂抹笔刷工具、粗糙
笔刷工具、涂抹工具外，下面将对CorelDRAW中其他轮
廓处理与造型工具进行介绍。

图6-36　小说封面效果

（一）转动工具

转动工具可以将图形边缘的曲线按指定的方向进
行转动，达到类似螺纹的造型效果，在形状工具组中选择转动工具，在其属性栏中可设置笔
尖半径、转动的速度、转动方向，如图6-37所示，设置完成后选择对象，在需要转动的曲线
上按住鼠标左键不放，将自动对笔刷半径圆内的曲线进行旋转操作，至合适造型后释放鼠标
即可完成转动造型操作，如图6-38所示。

图6-37　涂抹笔刷工具属性栏

图6-38　转动笔刷效果

（二）吸引工具

使用吸引工具可以将笔尖半径圆范围内的节点重叠到笔尖半径圆的中心，在形状工具
组中选择吸引工具，在其属性栏中可设置笔尖半径、吸引的速度，设置完成后选择对象，
在需要吸引的曲线上按住鼠标左键不放，将自动对笔刷半径圆内的曲线进行聚拢操作，至合
适造型后释放鼠标即可完成吸引造型操作，如图6-39所示。

（三）排斥工具

使用排斥工具可以实现吸引工具的反向操作效果，即将笔尖半径圆内的曲线与节点向
笔尖半径圆的边缘分开，可以产生膨胀的效果。选择需要编辑的对象，然后在工具箱中选择
排斥工具，在其属性栏中可设置笔尖半径、排斥的速度，设置完成后选择对象，在需要排
次的曲线上按住鼠标左键不放，将自动对笔刷半径圆内的曲线进行分开操作，至合适造型后
释放鼠标即可完成排斥造型操作，如图6-40所示。

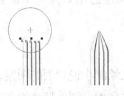

图6-39　吸引效果

图6-40　排斥效果

三、任务实施

（一）使用涂抹笔刷工具

涂抹笔刷工具 ✐ 可以将对象由内部向外推动或由外向内部推动，从而生成新的对象，涂抹笔刷只能对曲线图形进行编辑，下面将使用涂抹笔刷工具对树干进行涂抹，制作枝桠，其具体操作如下。（⊙微课：光盘\微课视频\项目六\使用涂抹笔刷工具.swf）

STEP 1 新建空白文件，将其保存为"小说封面.cdr"。双击矩形工具新建背景矩形，选择交互式填充工具，由上到下拖动矩形创建线性渐变填充效果（相关CMYK值：100、87、77、69；93、58、77、28；60、0、60、20），效果如图6-41所示。

STEP 2 在页面下方绘制两个图形，取消轮廓，分别填充CMYK值为"48、7、41、0""2、0、20、0"，如图6-42所示。

图6-41 创建渐变填充效果

图6-42 创建均匀填充图形

STEP 3 选择贝塞尔工具，拖动鼠标绘制树的主要躯干，取消轮廓，选择交互式填充工具，由上到下拖动矩形创建线性渐变填充效果，填充CMYK值分别为"47、43、71、14""48、7、41、0"，如图6-43所示。

STEP 4 在形状工具 ♦ 组选择涂抹笔刷工具 ✐，在属性栏中设置笔尖大小为"4mm"，斜移值为"80"，将鼠标光标移至树干内侧，按住鼠标左键不放向外侧拖动鼠标，涂抹树的枝干，如图6-44所示。

STEP 5 在属性栏调整笔尖大小，使用相同的方法继续涂抹树干，绘制枝桠，选择形状工具 ♦，编辑枝曲线，效果如图6-45所示。

图6-43 绘制树的躯干

图6-44 使用涂抹笔刷工具涂抹枝干

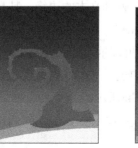

图6-45 绘制其他枝桠

在拖动时，若将鼠标光标移至树干外侧，向内侧拖动鼠标可擦除拖动的轨迹。选择涂抹笔刷工具 ⟋ 后，其属性栏中可改变笔尖大小、笔刷的宽度、水分浓度、斜移、方位。其中，斜移值的越接近90°，涂抹的转角越平滑。

（二）使用涂抹工具

与涂抹笔刷工具不同，使用涂抹工具可以涂抹出尖角的效果，下面将使用涂抹工具涂抹树枝修饰，其具体操作如下。（🎬微课：光盘\微课视频\项目六\使用涂抹工具.swf）

STEP 1 在工具箱的形状工具组中选择涂抹工具 ⟋，在属性栏将笔尖半径设置为"5mm"，压力设置为"85"，将鼠标光标移至树干内侧，按住鼠标左键不放向外侧拖动鼠标，效果如图6-46所示。

选择涂抹工具后，在属性栏中设置压力值越大，涂抹后的效果越明显，最大值为"90"。

STEP 2 在属性栏调整笔尖半径值与压力值，对其他枝干进行涂抹，在涂抹过程中，单击属性栏的"尖状涂抹"按钮 ⊡，在其他树干内侧向外拖动可制作出尖角的效果；单击"平滑涂抹"按钮 ⊡，可涂抹出圆滑的曲线效果。

STEP 3 将鼠标光标移至树根外侧，向内侧拖动鼠标可擦除部分树根，如图6-47所示。

图6-46　使用涂抹工具向外涂抹　　　　　　　图6-47　向内涂抹效果

（三）使用粗糙笔刷工具

使用粗糙笔刷工具 ✍ 可更改图形轮廓的平滑度，并使对象的边缘产生锯齿效果，下面将使用粗糙笔刷工具处理文本的边缘，其具体操作如下。（🎬微课：光盘\微课视频\项目六\使用粗糙笔刷工具.swf）

STEP 1 选择贝塞尔工具 ⟍，在树干上绘制树叶图形并取消轮廓，按【Shift+F11】组合键在打开的对话框中选择"RGB"颜色模式，分别填充RGB值为"70、137、22""82、213、3"，效果如图6-48所示。

STEP 2 选择文本工具 ⟊，输入"tree of knowledge"，在属性栏中将文本字体设置为"Arial，加粗"。

STEP 3 选择交互式填充工具 ⟋，左下向右上拖动创建线性渐变填充效果，分别填充

CMYK值为"82、213、13""185、211、16",如图6-49所示。

图6-48 绘制与填充树叶

图6-49 输入并填充文本

STEP 4 使用选择工具选择文本,按【Ctrl+G】组合键将文本转曲,调整文本的长度与高度,如图6-50所示。

STEP 5 在工具箱的形状工具组中选择粗糙笔刷工具 ,在属性栏设置笔尖大小为"10mm",设置笔压为"10"、笔倾斜为"45°",单击选择文本,在文本上从左到右水平拖动创建锯齿的粗糙效果,如图6-51所示。

图6-50 调整文本大小

图6-51 创建粗糙效果

STEP 6 继续在文本上从左到右水平拖动创建锯齿效果,完成后从右到左水平拖动文本叠加创建锯齿,效果如图6-52所示。

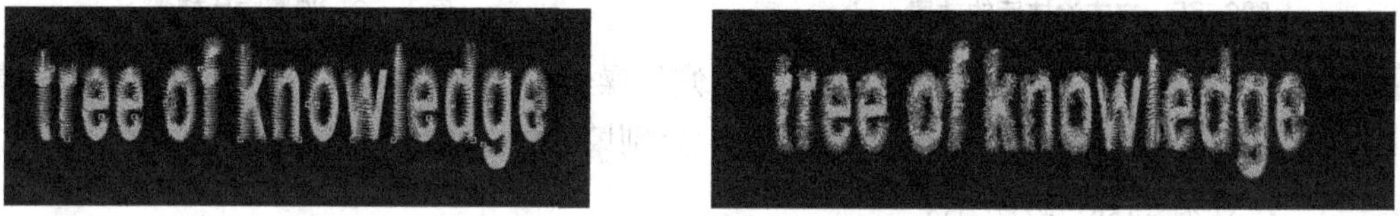

图6-52 为文本叠加粗糙效果

知识补充 选择粗糙笔刷工具 后,可通过其属性栏分别设置笔刷的宽度、笔刷的粗糙化频率、在粗糙化时的衰减程度、产生锯齿的大小。

(四)涂抹文本

下面将输入的文本进行涂抹,并编辑涂抹后的效果,创造艺术字的效果,其具体操作如下。(●微课:光盘\微课视频\项目六\涂抹文本.swf)

STEP 1 选择文本工具 ,输入"智慧树"文本,在属性栏中将字体设置为"方正隶书简体",按【Ctrl+K】组合键拆分为单个文本,调整文本的位置和大小,如图6-53所示。

STEP 2 选择文本，按【Ctrl+Q】组合键将文本转曲，在形状工具组选择涂抹笔刷工具，在属性栏中设置笔尖大小为"3mm"，斜移值为"90"，单击选择文本"智"，将鼠标光标移至文本内侧，按住鼠标左键不放向外侧拖动鼠标，涂抹笔画，效果如图6-54所示。

图6-53　创建辐射渐变填充效果　　　　　　　　　图6-54　涂抹变形文本

STEP 3 继续对其他笔画或文本进行涂抹，涂抹完成后选择形状工具，对涂抹的图形边缘进行编辑，使曲线圆滑，完成后的效果如图6-55所示。

STEP 4 按【Ctrl+G】组合键群组文本，将其颜色的RGB值设置为"18、57、57"，如图6-56所示。

图6-55　文本涂抹后的效果　　　　　　　　　　图6-56　设置字体颜色

STEP 5 复制"智慧树"文本，进行向上偏移操作，选择复制的文本，选择交互式填充工具，从下向上拖动创建线性渐变填充效果，分别填充RGB值为"62、167、126""152、199、45"，效果如图6-57所示。

STEP 6 在页面左侧绘制书脊，选择交互式填充工具，从下向上拖动创建线性渐变填充效果，分别填充RGB值为"7、34、43""62、167、126"，效果如图6-58所示。

STEP 7 使用文本工具输入书名、作者、出版社等相关文本，在属性栏中分别将字体设置为"方正少儿简体、华文彩云、华文行楷"，单击属性栏中的"将文本更改为垂直方向"按钮设置竖排文本。

STEP 8 在封面输入文本等，在属性栏中分别将字体设置为"方正少儿简体、Freehand521BT"。

STEP 9 调整文本的颜色、位置和大小后保存文件，完成本例的操作（最终效果参见：光盘\效果文件\项目六\任务二\小说封面.cdr）。

图6-57　创建辐射渐变填充效果

图6-58　制作书脊

实训一　制作音乐海报

【实训要求】

本实训要求制作音乐海报效果，其中包括海报背景、海报花纹等部分的制作，主要涉及到框选的裁剪、图形的焊接、图形的转动等知识。

【实训思路】

根据实训要求，制作时可先创建背景图形，然后使用钢笔工具勾勒三角形，进行旋转和复制的变换操作，然后使用转动工具制作转动效果，最后使用框选裁剪旋转图形，焊接椭圆，添加素材中的花纹与文本，参考效果如图6-59所示。

图6-59　音乐海报

【步骤提示】

STEP 1　新建一个横向空白文件，双击矩形工具绘制页面矩形。

STEP 2　使用钢笔工具绘制三角形，打开"变换"泊坞窗，以最小的角为旋转基点，旋转并复制三角形，分别填充相应的颜色，取消轮廓。

STEP 3　框选旋转后的图形，选择转动工具 ，将笔尖半径设置为旋转区域圆的半径，设置转动速度为"5"，将笔尖半径圆中心移动到旋转的中心，按住鼠标左键不放，自动进行转动，至合适位置后释放鼠标左键。

STEP 4　群组转动后的图形，选择【效果】/【图框精确裁剪】/【置于图文框内部】菜单命令，单击背景矩形将其框精确裁剪到背景矩形中。

STEP 5 绘制椭圆，取消轮廓，填充为白色，选择较大的两个椭圆，单击属性栏中的"合并"按钮 将其合并。

STEP 6 复制"花纹.cdr"（最终效果参见：光盘\效果文件\项目六\花纹.cdr）文件中的花纹与文本，并调整大小到合适位置，完成后保存文件即可（最终效果参见：光盘\效果文件\项目六\音乐海报.cdr）。

实训二　绘制插画猫咪

【实训要求】

本实训要求使用涂抹笔刷工具和涂抹工具快速绘制猫咪，制作时可使用提供的素材花纹作为插画背景（素材参见：光盘\素材文件\项目六\实训二），完成效果如图6-60所示。

图6-60　插画猫咪效果

【实训思路】

根据实训要求，本实训可先绘制猫咪的大致轮廓，再使用涂抹工具来涂抹猫的毛和胡子等效果，最后绘制猫眼睛、鼻子、嘴巴等图形，完成猫咪的绘制。

【步骤提示】

STEP 1 新建空白图形文件，使用贝塞尔工具绘制猫咪的轮廓，取消轮廓，填充为黑色。

STEP 2 选择涂抹工具，拖动边缘地区制作毛和胡子的效果。

STEP 3 添加毛的修饰图形，取消轮廓，填充为灰色。使用涂抹工具涂抹边缘。

STEP 4 添加背景图形与花纹，进行图框裁剪，完成制作后保存文件即可（最终效果参见：光盘\效果文件\项目四\实训二\indexgsw.html）。

常见疑难解析

问：在对图形进行整形操作时，怎样区分目标对象和来源对象呢？

答：如果用框选方式选择对象，最先创建的对象为目标对象，其他的均是来源对象；用点选方式选择对象，最后一个点选对象将为目标对象，其他的则是来源对象。

问：利用修剪效果也可以制作镂空效果吗？

答：可以。目标对象被修剪后，被修剪的区域变为空心，透过被修剪区域可以看到下面的图形。

问：在对对象进行嵌套群组后，可以选择其中的某个对象吗？

答：可以。按住【Ctrl】键使用挑选工具单击嵌套群组中的某个对象，可以在不取消群组的情况下选择该对象。

问：使用涂抹笔刷工具可以修饰未转曲的图形吗？

答：不能。使用涂抹笔刷修饰的图形应为手绘的图形或转曲后的基本图形，如果是没有转曲的基本图形，在使用涂抹笔刷编辑对象时将会弹出"转换为曲线"对话框，提示涂抹笔刷只适用于曲线对象。此时单击 确定 按钮将对象转为曲线后就可以用涂抹笔刷编辑对象了。

拓展知识

图框精确裁剪不仅可以将需要的图形或图片裁剪成任意的形状，还可配合网格工具将图片裁剪成均匀的方块。其方法为：导入需要裁剪的图片，使用网格工具绘制需要裁剪的网格，使用图框精确裁剪的方法将图片裁剪到绘制的网格图形中，设置网格线颜色与粗细，按【Ctrl+U】组合键取消轮廓，分别移动网格的小方块将同时移动所框剪的图像区域，效果如图6-61所示。

图6-61 均匀裁剪图像区域

课后练习

（1）本练习将用CorelDRAW制作"明信片"，在制作时首先新建图形文件，然后对卡片的背景进行制作，然后再导入素材图片并输入相关文本（素材参见：光盘\素材文件\项目六\课后练习\明信片素材）。通过本例的学习，可以掌握图形对象的结合与拆分等操作，具体要求如下。

● 按【Ctrl+L】组合键结合明信片的邮编框和其他图形。

● 在制作邮票时，先选择绘制的圆形和矩形，再单击属性栏中的"移除后面对象"按钮修剪图形。

● 整个页面布局整齐大方，配色合理，完成后效果如图6-62所示（最终效果参见：光盘\效果文件\项目六\课后练习\明信片.cdr）。

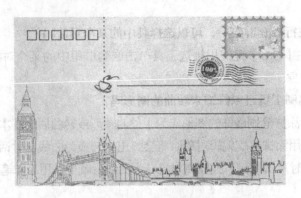

图6-62　明信片效果

（2）根据前面学习的知识和提供的素材文件（素材参见：光盘\素材文件\项目六\课后练习\宣传海报素材），制作宣传海报，具体要求如下。

● 在制作之前可先对海报需要的信息进行整理。

● 通过造型工具得到海报中的部分图形，将素材图形裁剪到背景中。

● 添加相关的产品文本。

制作本练习时要求产品醒目，在颜色搭配上具有夏日的气氛，完成后效果如图6-63所示（最终效果参见：光盘\效果文件\项目四\课后练习\产品宣传海报.html）。

图6-63　产品宣传海报效果

项目七
文本输入与处理

情景导入

阿秀：小白，任何一项设计制作都少不了文本的参与，因此下面便来
学习文本的相关知识。

小白：文本？可是前面我们不是已经练习过了吗？

阿秀：你说的也没错，不过你仔细回忆一下，在之前对文本的操作，
是不是只是设置了字体、字号、颜色呢？

小白：是的，那文本还有哪些操作呢？

阿秀：小白，在CorelDRAW中文本的类型有多种，而且还可对文本
设置字距和行距等。

小白：原来是这样，那我们赶快来学习吧。

阿秀：不要着急，要循序渐进才能掌握更多的知识。

学习目标

● 掌握创建文本的基本操作
● 掌握设置美术文本属性的方法
● 熟练掌握通过属性栏设置文本格式的方法
● 掌握设置项目符号的方法
● 熟练掌握设置首字下沉与分栏的方法

技能目标

● 掌握"月饼券"的制作方法
● 掌握"杂志内页"的排版方法

任务一　制作月饼券

本例制作的月饼券是礼品券中的一种，需要标明领取时间、地点等相关信息。在CorelDRAW中制作月饼券比较简单，通常只需输入内容并加以修改即可，下面具体介绍其制作方法。

一、任务目标

本例将练习在CorelDRAW中制作"月饼券"，在制作时需要先新建文档，再制作券的背景效果，最后输入文本，并根据需要编辑文本的属性即可。通过本例的学习，可以掌握在CorelDRAW中创建文本和设置文本属性的相关操作。本例制作后的最终效果如图7-1所示。

图7-1　月饼券效果

二、相关知识

在练习文本的输入和设置之前，需要对CorelDRAW的文本有所了解。下面主要对在Windows 7中安装字体和CorelDRAW的文本类型进行介绍。

（一）安装字体

在平面设计中，只用Windows系统自带的字体很难满足设计需要，因此需要安装系统外的字体，其方法主要有以下两种。

● 准备好需要安装的字体文件夹，选择【开始】/【控制面板】/【字体】菜单命令，打开"字体"文件夹，选择【文件】/【安装新字体】菜单命令，在打开的"添加字体"对话框中选择字体，最后单击 [确定] 按钮即可安装字体，如图7-2所示。

● 在需要安装的字体上单击鼠标右键，在弹出的快捷菜单中选择"复制"命令，然后选择【开始】/【控制面板】/【字体】菜单命令，打开"字体"文件夹，在空白处单击鼠标右键，在弹出的快捷菜单中选择"粘贴"命令，可直接将字体安装到系统中。不过字体并不宜安装过多，否则会占用很大的内存空间，影响工作效率。

（二）文本的类型

在CorelDRAW中，文本的类型分为美术字文本、段落文本、沿路径输入文本等3种类型，下面分别进行介绍。

1. 美术文本

输入美术文本时，每行文本都是独立的，行的长度随着文本的编辑而增加或缩短，但不能自动换行。使用美术文本的好处是可以自由的设置文本，在间距和换行上不受文本框的限制。

选择工具箱中的文本工具字（或按【F8】键），在绘图窗口中的任意位置单击，插入文本插入点，然后输入需要的文本即可，按【Enter】键可换行。

2. 段落文本

输入段落文本时，系统会将输入的所有文本作为一个对象进行处理，行的长度由文本框的大小和形状决定，即当输入的文本到达文本框的右边界时，文本将自动换行。使用段落文本的好处是文本能够自动换行，且能够迅速为文本添加制表位和项目符号等。

选择工具箱中的文本工具字，将鼠标指针移动到需要输入文本的位置，按住鼠标左键不放拖动可绘制一个文本框，在绘制的文本框中即可输入文本。

操作提示　　在CorelDRAW中美术文本和段落文本是可以相互转换的。选择文本后按【Crl+F8】组合键，或在文本上单击鼠标右键，在弹出快捷菜单中选择"转换美术文本（段落文本）"命令即可。

3. 沿路径文本

沿路径输入文本时，系统会根据路径的形状自动排列文本，而使用的路径可以是闭合的图形或未闭合的曲线。通过使用沿路径排列文本可以使文本按任意形状排列，且可以轻松制作各种文本排列的艺术效果。

首先利用绘图或线形工具绘制图形或曲线作为路径，然后选择工具箱中的文本工具字，将鼠标指针移到路径的外轮廓上，当指针变为形状时单击可插入文本指针，依次输入需要的文本，此时输入的文本即可沿图形或曲线进行排列，如图7-2所示。若将鼠标指针移动到闭合的图形内部，当其指针变为形状时，单击后图形内部将根据闭合图形的形状出现虚线框，并显示插入的文本指针，依次输入文本，输入的文本便以图形外轮廓的形状进行排列，如图7-3所示。

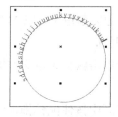
图7-2　沿曲线排列

图7-3　外轮廓形状排列

创建文本后，还可使该文本适合路径，其方法为：选择文本，选择【文本】/【使文本适合路径】菜单命令，将鼠标光标移至路径上单击即可使该文本适合创建的路径。

三、任务实施

（一）创建文本

下面先制作月饼券的基本结构并创建美术文本与段落文本，其具体操作如下（📀微课：光盘\微课视频\项目七\创建文本.swf）。

STEP 1 新建图形文件，导入"背景.psd"素材文件（素材参见：光盘\素材文件\项目七\任务一\背景.jpg），将其缩放至200mm×80mm的大小，如图7-4所示。

STEP 2 在图片左侧绘制图形，并填充颜色为紫色（C:51 M:91 Y:10 K:9），取消轮廓线，如图7-5所示。

图7-4　导入素材　　　　　　　　　　　　图7-5　绘制图形

STEP 3 复制"毛笔文本.cdr"素材文件（素材参见：光盘\素材文件\项目七\任务一\毛笔文本.cdr），将其缩放至合适大小后放置在相应位置，如图7-6所示。

STEP 4 在矩形向左侧38mm处绘制一条竖线，设置轮廓颜色为白色，粗细为0.5mm，样式为虚线，如图7-7所示。

图7-6　复制文本　　　　　　　　　　　　图7-7　绘制虚线

STEP 5 绘制大小为200mm×80mm的矩形，填充颜色为紫色（C:51 M:91 Y:10 K:9），取消轮廓线，然后复制白色竖线到背面右侧，作为票券的背面。

STEP 6 选择工具箱中的文本工具字，在月饼券上单击鼠标定位文本插入点，输入"月饼券""副券"等美术字。

STEP 7 再次选择工具箱中的文本工具字，在绘图区中按住鼠标拖动绘制文本框（可根据输入文本的多少来绘制文本框），在其中单击鼠标，定位插入点，输入月饼券相应的段落文本。

STEP 8 在购物券的"使用须知"文本下方绘制一条水平直线，设置轮廓颜色为白色，粗细为细线，输入文本后购物券正反面效果如图7-8所示。

图7-8 输入美术字与段落文本

（二）设置美术文本属性

完成文本的输入后，下面为输入的文本设置相关的属性。其具体操作如下（🎦微课：光盘\微课视频\项目七\设置美术文本属性.swf）。

STEP 1 使用选择工具单击选择月饼券左侧的"月饼券"文本，单击调色板中的白色色块，并在属性栏中设置字体为"隶书"，大小为26pt。

STEP 2 选择下方的"副券"文本，按【Alt+Enter】组合键打开"对象属性"泊坞窗，单击"文本"按钮A，设置字体为"微软雅黑"，大小为16pt，颜色为浅紫色（C:13 M:22 Y:5 K:2），如图7-9所示。

STEP 3 继续选择"月饼券"文本，进行略微向右倾斜的操作，按【Ctrl+K】组合键进行拆分，将文本排拢，然后按【Ctrl+Q】组合键将文本转换曲线对象，使用涂抹工具与形状工具对文本的边缘进行造型，造型效果如图7-10所示。

STEP 4 选择右边的"中秋"文本，在属性栏设置字体为"叶根友行书繁"，按【Ctrl+K】组合键进行拆分，进行错位排列，效果如图7-11所示。

图7-9 设置文本属性　　　　图7-10 造型文本　　　　图7-11 错位显示文本

STEP 5 选择右边的"月饼券"文本，在属性栏设置字体为"华文新魏"，大小可根据需要按照图形的缩放方法进行调整。

STEP 6 使用交互式填充工具创建从上到下的渐变填充效果，双击控制线添加颜色节点，分别单击选择颜色节点，通过"颜色"泊坞窗设置节点颜色，起点到终点的节点颜色分别为R:6 G:2 B:59、R:182 G:12 B:115、R:136 G:4 B:71、R:116 G:2 B:44，如图7-12所示。

STEP 7 使用相同的方法设置其他文本的字体为"微软雅黑"，分别调整其大小、位置与颜色，并在"定价元/盒"文本下层绘制红色（R:163 G:9 B:97）半圆与矩形图形，取消轮廓，效果如图7-13所示。

图7-12　渐变填充文本　　　　　　　　　图7-13　调整其他文本大小与位置

（三）设置段落文本属性

下面为输入的段落文本设置相关的属性。其具体操作如下（🎬微课：光盘\微课视频\项目七\设置段落文本属性.swf）。

STEP 1 选择月饼券背面的"使用须知："文本，设置字体为"微软雅黑"，字号大小为16pt，颜色为白色。选择带有文本框的段落文本，在属性栏中设置月饼券背面的字体为"微软雅黑"，字号为12pt，颜色为白色，如图7-14所示。

STEP 2 保持段落文本的选择状态，按【F10】键切换到形状工具，将鼠标移动到左下角的▤箭头处，按住鼠标左键不放并拖动，调整段落文本的行距，到一定距离后释放鼠标即可，如图7-15所示。

图7-14　设置字体和字号大小　　　　　　　图7-15　调整行距

（四）插入特殊字符

下面为输入的段落文本插入特殊字符作为项目符号。其具体操作如下（🎬微课：光盘\微课视频\项目七\插入特殊字符.swf）。

STEP 1 将文本插入点定位到段落前，选择【文本】/【插入文本特殊字符】菜单命令，打开"插入字符"对话框，选择"Bodoni Bd BT"字体，在下方的列表框中选择符号，单击 插入(I) 按钮，插入的字符将沿用段落文本的大小与字体颜色，如图7-16所示。

操作提示

选择文本框或段落文本后单击属性栏中的"项目符号列表"按钮 ☰ 可快速为段落添加默认的圆点项目符号。

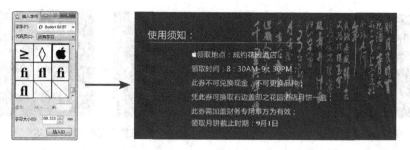

图7-16 插入特殊字符

STEP 2 继续将文本插入点定位到其他段落段首位置，单击 [插入(I)] 按钮插入字符，在字符与文本间添加空格，效果如图7-17所示。

STEP 3 此时文本框无法完全显示内容，选择该文本框，将鼠标移至文本框周围的节点处，当其变为↗形状时拖动，调整文本框的大小，使其内容完全显示，效果如图7-18所示。

图7-17 插入其他特殊字符

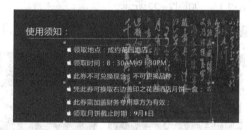

图7-18 调整文本框大小

（五）输入路径文本

下面制作标志并输入路径文本。其具体操作如下（🎬微课：光盘\微课视频\项目七\输入路径文本.swf）。

STEP 1 在月饼券左上方绘制两个同心椭圆，将内侧的椭圆取消轮廓，填充颜色为浅紫色（C:24 M:42 Y:9 K:4），将外侧的椭圆的轮廓设置为细线，轮廓色设置为浅紫色（C:24 M:42 Y:9 K:4）。

STEP 2 在其上使用贝塞尔工具绘制标志图形，取消轮廓，分别设置颜色为褐色（C:67 M:97 Y:100 K:65）与橙色（C:42 M:100 Y:100 K:11）。

STEP 3 在标志下方分别输入"精华月饼"文本以及其大写拼音，分别在属性栏中设置字体格式为"微软雅黑，8.3pt，浅紫色（C:24 M:42 Y:9 K:4）""Batang，3.5pt，白色"，如图7-19所示。

STEP 4 选择文本工具[字]，将鼠标光标移至内侧椭圆的外边缘处，当鼠标光标变为↳形状时单击定位文本插入点，沿椭圆外侧的路径输入文本"成都精华月饼有限公司"，如图7-20所示。

操作提示 选择路径文本后，在属性栏中"与路径的距离"和"偏移"数值框中可设置精确的值，在"文本方向"下拉列表中可选择路径的文本方向。

图7-19 制作标志大致图形   图7-20 在椭圆路径上输入文本

STEP 5 使用选择工具选择路径上的文本，沿椭圆外边缘拖动鼠标可调整文本在椭圆边缘的位置，向椭圆外拖动可调整文本与椭圆的外边缘的间距，向内拖动可将文本沿椭圆边缘内侧分布，调整后的效果如图7-21所示。

STEP 6 选择路径文本，在"对象属性"泊坞窗"文本"面板中的"段落"栏中将"字符间距"设置"0"，在下方绘制圆弧，设置为细线，轮廓色设置为浅紫色（C:12 M:22 Y:5 K:2），如图7-22所示。

STEP 7 群组标志图形，将其复制到月饼券的其他位置，如图7-23所示。

图7-21 调整路径文本   图7-22 设置字间距   图7-23 复制标志

STEP 8 复制"花纹.cdr"素材文件中花纹（素材参见：光盘\素材文件\项目七\任务一\花纹.cdr），执行旋转、复制操作、调整大小等操作，更改颜色为浅紫色（C:12 M:22 Y:5 K:2），将花纹裁剪到月饼券正面左上方、背面左下角与右上角，将另一个花纹放置到"副券"文本下方，如图7-24所示。

STEP 9 导入"月饼.jpg"文件（素材参见：光盘\素材文件\项目七\任务一\月饼.jpg）将其裁剪到1.0mm白色轮廓的椭圆中，调整大小，移至月饼券正面的"月饼种类"段落左侧，如图7-25所示。保存文件，完成本例的操作（效果参见：光盘\效果文件\项目七\任务一\月饼券.cdr）。

图7-24 添加、编辑与裁剪花纹   图7-25 导入并裁剪月饼图片

任务二 制作杂志内页

　　杂志是指有固定刊名，以期、卷、号或年、月为序，定期或不定期连续出版的印刷读物，它根据一定的编辑方针，将众多作者的作品汇集成册出版。在CorelDRAW中进行杂志的内页设计，不但需要有图形图片来表达信息，还需要设置文本的相关属性，使其更具阅读性。

一、任务目标

　　本任务将练习用CorelDRAW制作"杂志内页"效果，制作时首先新建图形文件，然后设计页面版面，并导入文本，再为其设置文本格式。通过本例的学习，可以掌握导入文本和设置段落文本的格式等相关知识。本例制作完成后的最终效果图7-26所示。

图7-26　杂志内页效果

二、相关知识

　　在CorelDRAW中可以通过文本工具属性栏设置文本的格式，也可使用"文本属性"泊坞窗设置，还可对段落文本框进行设置达到需要的效果，当使用长文本时，还可查找与替换文本，下面分别进行讲解。

（一）通过文本工具属性栏设置文本格式

　　通过属性栏可设置文本的字体、字号、下划线、对齐方式等，选择文本后，其属性栏如图7-27所示。

图7-27　文本工具属性栏

文本工具属性栏中的各按钮作用如下。

● ○ Adobe 仿宋 Std R **下拉列表框**：单击其右侧的 ▾ 按钮，在弹出的下拉列表中可为选中的文本设置字体样式。

● 24 pt ▾ **下拉列表框**：单击其右侧的 ▾ 按钮，在弹出的下拉列表中可以为选中的文本设置字体大小。

● Ⓑ **按钮**：单击该按钮可将选中的文本设置为加粗字形（适用于段落文本）。

- ●　🔲按钮：单击该按钮可将选中的文本设置为倾斜字形（适用于段落文本）。
- ●　🔲按钮：单击该按钮可为选中的文本添加下划线。
- ●　🔲按钮：单击该按钮可为选中的文本设置对齐方式，其中包括左对齐、居中对齐、右对齐、全部调整、强制调整5种对齐方式。
- ●　🔲按钮：单击该按钮可为选中的段落文本设置项目符号，快捷键为【Ctrl+M】。
- ●　🔲按钮：单击该按钮可为选中的段落文本设置首字下沉效果。
- ●　🔲按钮：单击该按钮可打开"文本属性"泊坞窗，快捷键为【Ctrl+T】，选择【文本】/【文本属性】菜单命令也可打开"文本属性"泊坞窗。
- ●　🔲按钮：单击该按钮可打开"编辑文本"对话框，在其中可为输入的文本设置相关属性，快捷键为【Shift+Ctrl+T】。
- ●　🔲按钮：单击该按钮可更改选中文本的方向，CorelDRAW默认输入的文本方向为水平方向，快捷键为【Ctrl+.】。

（二）"文本属性"泊坞窗

在CorelDRAW X6的"文本属性"泊坞窗中可以详细设置文本的字符属性、段落属性与图文框属性，如图7-28所示。各参数分别介绍如下。

- ●　**设置文本属性**：除了设置文本的字体、字号、字距调整范围、文本颜色、文本底纹颜色、文本轮廓粗细与颜色外，还可为文本设置上下划线、删除线、改变文字的位置，将其设置为上标或下标等。

- ●　**设置段落属性**：设置段落对齐方式、首行缩进值、左缩进值、右缩进值、字符高度、行高、段前间距、段后间距、字符间距、语言间距与字间距。

- ●　**设置文图框**：设置文本在文本框中的对齐方式、文本框背景的颜色、文本框的方向、分栏的栏数等参数。

（三）段落文本框设置

在创建段落文本框后，可设置显示文本框、使文本适合框架或链接与断开文本框，下面分别进行介绍。

- ●　**显示文本框**：默认创建的文本框是隐藏的，只有在选择时才显示，用户可设置将其显示出来，其方法为选择需要进行调整的文本框，选择【文本】/【段落文本框】/【显示文本框】菜单命令即可，再次选择该命令可再次隐藏文本框。

图7-28　"文本属性"泊坞窗

- ●　**文本适合框架**：在CorelDRAW 中，通过文本适合框架功能可以根据段落文本框的大小来调整文字的大小，使其与段落文本框的大小相适应。选择需要进行调整的文本框，选择【文本】/【段落文本框】/【按文本框显示文本】菜单命令，即可让文本适合文本框的大小。

● **链接与断开链接文本框**：同时选择需要链接的多个文本框，选择【文本】/【段落文本框】/【链接（断开链接）】菜单命令可将多个文本框串连起来（或将串连的文本分开）。

（四）查找与替换文本

在长篇幅段落中，使用查找与替换文本的功能可以查找错误的文本，还可一次性在多个对话框中输入查找的内容，单击 查找下一个(N) 按钮进行查找，若选择【编辑】/【查找与替换】/【替换文本】菜单命令，在打开的对话框中不仅需要输入查找的文本，还需要输入替换的文本，单击 全部替换(P) 按钮进行全部替换。

三、任务实施

（一）制作杂志内页版面

在制作杂志内页之前，首先需要制作其版面效果。下面便新建图形文件，然后对其进行板式设计。其具体操作如下（⊙**微课**：光盘\微课视频\项目七\制作杂志内页版面.swf）。

STEP 1 新建一个图形文件，设置页面大小为420mm×285mm（未加出血线），然后将其保存为"杂志内页.cdr"。

STEP 2 在页面中设置辅助线（注意设置贴齐辅助线），使用矩形工具▢在页面中绘制两个矩形，如图7-29所示。

STEP 3 导入"1.jpg～2.jpg"素材文件（素材参见：光盘\素材文件\项目七\任务二\1.jpg、2.jpg），缩放大小，然后分别选择图像，选择【效果】/【图框精确裁剪】/【放置到容器中】菜单命令，然后分别单击矩形，放置到其中，绘制形状与矩形条，取消轮廓线，填充为黑色，如图7-30所示。

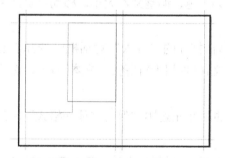

图7-29 设置辅助线绘制矩形

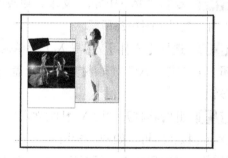

图7-30 导入并裁剪图像

（二）输入与导入文本

下面输入文本，并将提供的素材文本导入到文件中。其具体操作如下（⊙**微课**：光盘\微课视频\项目七\输入与导入文本.swf）。

STEP 1 在黑色图形上输入文本"引领时尚"，在属性栏将字体格式设置为"汉仪综艺体简，24pt，白色"。使用旋转对象的方法旋转文本。

STEP 2 选择文本工具 🛠，在图片1下方单击定位文本插入点，输入文本"独领风骚"，在属性栏将字体格式设置为"汉仪综艺体简，34pt"，继续在下方输入"展现自己，不是那么容易"文本，设置字体为"方正大标宋简体，24pt"。

STEP 3 使用形状工具单击"展现自己，不是那么容易"文本，将鼠标移动到左下角的 🔸 箭头处，拖动鼠标调整字间距，效果如图7-31所示。

STEP 4 在图片1右侧输入"FASHION"文本，将字体格式设置为"Arial Black，36，K60"，在属性栏单击"竖排文本"按钮 🔲，转换为竖排文本，将其对齐于矩形左侧的右边缘，如图7-32所示。

图7-31　输入文本　　　　　　　　　　图7-32　输入竖排文本

输入小写单词，选择【文本】/【更改大小写】菜单命令，在打开的对话框中选中对应的单选项可将单词转换为首字母大写或全部大写。

STEP 5 复制"FASHION"文本，更改颜色为黑色，调整文本大小，移动至页面左下角辅助线内，效果如图7-33所示。

STEP 6 选择【文件】/【导入】菜单命令，在打开的"导入"对话框中选择需要导入的外部文本"文本.txt"（素材参见：光盘\素材文件\项目七\任务二\文本.txt），然后单击 🔲导入 按钮。

STEP 7 此时将打开"导入/粘贴文本"对话框，单击选中"保持字体和格式"单选项，单击 🔲确定(O) 按钮即可，如图7-34所示。

STEP 8 此时鼠标变为 ⌐ 形状，在页面中拖动鼠标即可将文本导入CorelDRAW中，导入后的文本自动为段落文本，如图7-35所示。

选择【文本】/【编辑文本】菜单命令，在打开的"编辑文本"对话框中单击 🔲导入(I) 按钮，也可以导入外部文本。

图7-33 复制文本

图7-34 导入文本

图7-35 导入文本效果

（三）串连文本框

当文本框不能完全显示文本内容时，除了可调整文本框大小来显示外，可将其内容串连到新的文本框中，其具体操作如下（🎬微课：光盘\微课视频\项目七\串连文本框.swf）。

STEP 1 选择文本框，拖动四周的控制点调整其大小，单击文本框下方的▦图标，鼠标光标变为 ➡ 形状，沿右侧的辅助线绘制文本框，如图7-36所示。

STEP 2 在新建的文本框中将显示上一文本框中未显示完的内容，效果如图7-37所示。调整上一文本框的大小，该文本框的内容将发生相应变化。

图7-36 串连文本框

图7-37 串连文本框效果

操作提示

除了在文本框中链接文本内容外，还可在单击文本框下方的▦图标后，再单击图形，将文本链接到图形中。进行串联操作后，选择人物文本框或图形，将出现蓝色的箭头图形。

（四）设置文本与段落属性

下面将对文本框中内容的字体格式与段落格式进行设置，使版面更加美观，其具体操作如下（🎬微课：光盘\微课视频\项目七\设置文本与段落属性.swf）。

STEP 1 选择段落文本框，按【Ctrl+T】组合键打开"文本属性"泊坞窗，设置字体格式为"方正小标宋简体，10pt"，如图7-38所示。

STEP 2 选择文本框，在段首单击定位文本插入点，拖动鼠标选择"你知道高跟鞋的来源吗？"文本，在"文本属性"泊坞窗中设置文本颜色为"白色"，设置文本底纹颜色为"黑色"，如图7-39所示。使用相同的方法为其他相同级别的文本应用相同的颜色与底纹。

图7-38 设置整个段落字体格式

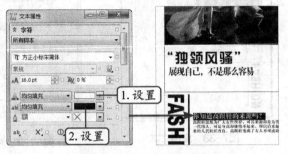

图7-39 设置文本颜色与底纹颜色

STEP 3 选择文本框，在"文本属性"泊坞窗的"段落"栏中设置首行缩进为"7.5mm"、行高为"135%"、段后间距为"200%"，效果如图7-40所示。

图7-40 设置文本段落属性

（五）设置首字下沉与分栏

首字下沉与分栏是重要的排版方式，下面为右侧的文本框设置首字下沉与分栏效果。其具体操作如下（⊛微课：光盘\微课视频\项目七\设置首字下沉与分栏.swf）。

STEP 1 将文本插入点定位到第二段文本中，选择【文本】/【首字下沉】菜单命令，打开"首字下沉"对话框，输入下沉行数为"2"，如图7-41所示。

STEP 2 单击 确定 按钮，再将下沉的文本颜色更改为K50，效果如图7-42所示。

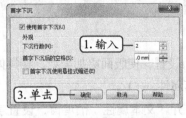

图7-41 "首字下沉"对话框

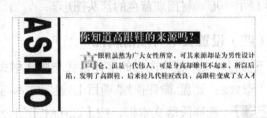

图7-42 更该首字下沉颜色

STEP 3 选择任意一个文本框，选择【文本】/【栏】菜单命令，打开"栏设置"对话框，在"栏数"数值框中输入"2"，设置栏间宽度为10mm，单击 确定 按钮，分栏效果如图7-43所示。

 操作提示 单击选中"保持当前图文框宽度"单选项，在增加或删除分栏的情况下，仍然保持文本框的宽度不变；单击选中"自动调整图文框宽度"单选项，当增加或删除分栏时将自动调整文本框的宽度，而栏宽保持不变。

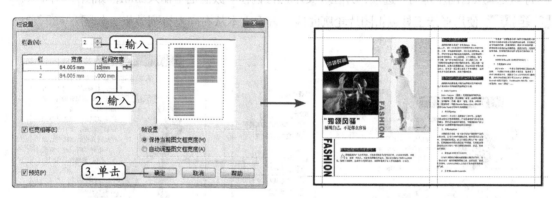

图7-43 分栏设置

（六）设置项目符号

下面为品牌的品牌名段落插入项目符号，其具体操作如下（微课：光盘\微课视频\项目七\设置项目符号.swf）。

STEP 1 删除品牌段落前的序号文本，将文本插入点定位在品牌的品牌名，选择【文本】/【项目符号】菜单命令，打开"项目符号"对话框，单击选中"使用项目符号"复选框，将字体设置为"Wingings"，选择❂符号，设置"到文本的项目符号"的间距设置为"1mm"，如图7-44所示。

STEP 2 单击 确定 按钮将其插入到指定位置，使用相同的方法为其他品牌的品牌名设置该项目符号，效果如图7-45所示。

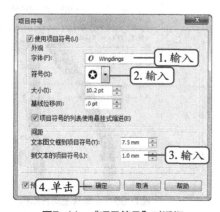

图7-44 "项目符号"对话框

图7-45 设置项目符号效果

（七）设置文本绕图

下面导入素材文件，并为其设置文本绕图效果。其具体操作如下（●微课：光盘\微课视频\项目七\设置文本绕图.swf）。

STEP 1 导入"3.png"素材图片（素材参见：光盘\素材文件\项目七\任务二\3.png），选择图片，缩放至合适大小，如图7-46所示。

STEP 2 单击属性栏中的"段落文本换行"按钮，在打开的下拉列表中选择"轮廓图"栏中的"文本从右向左排列"选项，并在"文本换行偏移"数值框中输入2mm，如图7-47所示。

STEP 3 使用形状工具编辑图片轮廓曲线，查看文本从右向左排列效果，如图7-48所示。

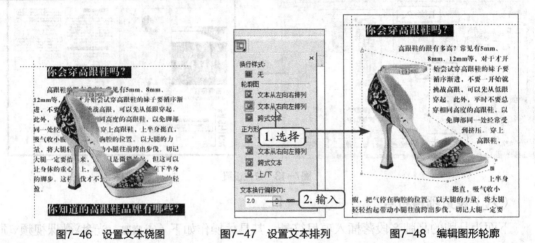

图7-46　设置文本饶图　　　　图7-47　设置文本排列　　　　图7-48　编辑图形轮廓

STEP 4 导入"4.jpg""5.jpg"素材图片（素材参见：光盘\素材文件\项目七\任务二\4.jpg、5.jpg），分别调整至合适大小，选择"4.jpg"图片，单击属性栏中的"段落文本换行"按钮，在打开的下拉列表中选择"正方形"栏中的"上下"选项，将其移动至栏1下方中间位置，效果如图7-49所示。

STEP 5 使用相同的方法将"5.jpg"图片的饶图方式设置为"文本从左向右排列"，将其移动到栏2的左下角，使用形状工具编辑图片轮廓曲线，效果如图7-50所示。

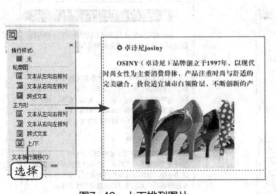

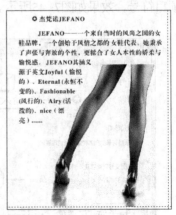

图7-49　上下排列图片　　　　　　　　图7-50　文本从左向右排列

STEP 6 在页面的右下角绘制三角形与线条，将三角形填充为黑色，使用文本工具在其上输入页面文本"P57"，在属性栏将文本格式设置为"Arial，8.5pt"，设置字体颜色为白色，如图7-51所示。完成本例的制作，效果如图7-52所示（效果参见：光盘\效果文件\项目七\任务二\杂志内页.cdr）。

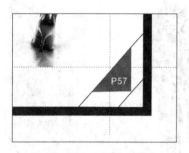

图7-51 输入页码

图7-52 完成后的效果

实训一 设计前言版式

【实训要求】

本实训要求对旅游杂志前言页进行设计，其中包括文本格式的设置、文本方向的设置、段落格式的调整等知识。

【实训思路】

根据实训要求，制作时可先导入图片，并设计大致排版方式，然后分别输入美术文本与段落文本。参考效果如图7-53所示。

【步骤提示】

STEP 1 新建一个图形文件，然后将其保存为"前言.cdr"。

STEP 2 导入"图片.jpg"素材文件（素材参见：光盘\素材文件\项目七\实训一\图片.jpg），缩放其大小，然后将其放置到相应位置。

STEP 3 使用文本工具输入"旅行记"文本，设置字体为"方正超粗黑简体"，按【Ctrl+K】组合键拆分文本，将中间的"行"文本的字体设置为"方正胖娃简体"。

STEP 4 继续使用文本工具输入产品介绍文本，设置相应的字体和颜色。在"行"文本上绘制曲

图7-53 前言版式效果

线，使用智能填充工具创建新图形，新图形填充为"M:81 Y:100"，取消轮廓。

STEP 5 绘制文本框输入段落文本，设置文本格式，将其转换为竖排文本，在"文本属性"泊坞窗中设置行间距为"150%"，段前间距为"250%"，完成后保存文件即可（最终效果参见：光盘\效果文件\项目七\实训一\前言.cdr）。

实训二　制作茶饮宣传单

【实训要求】

本实训要求对茶饮宣传单进行设计，其中包括文本格式的设置、文本方向的设置、文本的拆分、文本的转曲等知识。

【实训思路】

根据实训要求，制作时可先导入图片设计大致排版方式，然后输入文本并设置段落格式。制作完成后的参考效果如图7-54所示。

【步骤提示】

STEP 1 新建一个图形文件，然后将其保存为"茶饮宣传单.cdr"。

STEP 2 导入"背景.jpg、茶壶.png、墨迹.png"素材文件（素材参见：光盘\素材文件\项目七\实训一\背景.jpg、茶壶.png、墨迹.png），缩放其大小后将其放置在相应位置。

图7-54　茶饮宣传单效果

STEP 3 在页面下方绘制矩形块，取消轮廓，填充为相应颜色。使用文本工具输入"君天下茶莊"文本，设置字体为"汉仪行楷简"，按【Ctrl+K】组合键拆分文本，分别调整大小与位置。按【Ctrl+Q】组合键转曲"茶"文本，使用形状工具编辑其轮廓。

STEP 4 在"莊"文本下绘制圆，取消轮廓填充为白色，同时选择圆和"莊"文本，在属性栏单击"移除前面对象"按钮，得到镂空文本。

STEP 5 继续输入其他文本并设置文本格式与文本颜色，绘制线条等装饰图形，完成后保存文件即可（最终效果参见：光盘\效果文件\项目七\实训二\茶饮宣传单.cdr）。

常见疑难解析

问：在CorelDRAW中，段落文本可以设置为沿路径排列吗？

答：可以。在CorelDRAW中段落文本和美术字文本都可以沿路径进行排列，其设置方法都一样。

问：在页面中输入了几行美术字文本，为什么不能设置其缩进呢？

答：缩进只针对段落文本，美术字文本不能设置缩进。

问：直接从字符列表中拖动需要的字符，也能将其添加到页面，这种方法添加的字符和插入的字符有区别吗？

答：有区别。直接从字符列表中拖动需要的字符将其添加到页面中后，字符将成为一个图形，没有文字的属性，不能在属性栏中设置其字体和字号；而通过本章讲解的方法插入的字符则具有文字的属性。

问：为什么我在CorelDRAW中没有找到可以插入的字符符号？

答：在CorelDRAW中的"插入字符"泊坞窗中没有找到字符图形，可到网上下载图形的字体，使用安装字体的方法将其安装到系统中，然后在"插入字符"泊坞窗中即可找到更加丰富的字符图形。

问：在CorelDRAW中对美术字文本和段落文本的输入有什么限制吗？

答：美术字文本和段落文本都有一定的容量限制，美术字文本允许创建不多于32000字的文本对象；段落文本允许创建不多于32000段，每段不多于32000字的文本对象。

拓展知识

1. 应用文本样式

在CorelDRAW中为用户提供了一些默认的文本样式，通过这些文本样式可以快速创建具有一定格式的文本，为文本创建样式的方法主要有以下两种。

● 选择需要设置样式的文本，选择【窗口】/【泊坞窗】/【对象样式】菜单命令，在打开的"对象样式"泊坞窗中双击需要应用的样式即可。

● 用鼠标右键单击需要设置样式的文本，在弹出的快捷菜单中选择【对象样式】/【应用样式】菜单命令，在弹出的子菜单中选择所需的命令也可以为文本应用样式。

除了可以应用CorelDRAW中已经存在的样式，用户也可在定义好文本样式后，将其保存在应用预设的文本样式中，方便以后调用。

自定义文本样式的方法为：用鼠标右键单击创建了样式的文本，在弹出的快捷菜单中选择【对象样式】/【从以下项新建样式】菜单命令，在弹出的子菜单中选择"字符（段落）"命令，即可在打开的对话框中设置样式名称，单击 确定 按钮即可。

2. 字体设计原则

在设计工作中，字体的设计是必不可少的，如标志设计、标题设计等，下面便对字体的设计原则进行介绍。

● **文字的适合性**：文字设计重要的一点在于要服从表述主题的要求，要与其内容吻合一致，不能相互脱离，更不能相互冲突，破坏了文字的诉求效果。

● **文本的可读性**：文字的主要功能是在视觉传达中向消费大众传达信息，而要达到此目的，必须考虑文字的整体诉求效果，给人以清晰的视觉印象。

● **文字的视觉美感**：文字在视觉传达中，作为画面的形象要素之一，具有传达感情的功能，因而它必须具有视觉上的美感，能够给人以美的感受。

● **文字设计的个性**：根据主题的要求，突出文字设计的个性色彩，创造与众不同的独具特色的字体，给人以别开生面的视觉感受，将有利于企业和产品良好形象的建立。

3. 文本转曲

在设计工作中，经常会使用到一些不常用的字体，为了使字体效果在其他没有安装该字体的计算机上正常显示，在制作完成后可按【Ctrl+Q】组合键将文本转换为曲线。

课后练习

（1）根据前面所学知识和你的理解，制作"折页宣传单"中的一页，进行此练习首先需要新建图形文件，然后设计页面版面，并导入文本，为其设置文本格式，最后通过转曲文本设计文本效果，具体要求如下。

● 可以指定文字流动的方向，对链接后的文本进行编辑。

● 让文本沿路径进行排列，形成特殊的文字效果。

● 对文本进行排版，使其更具阅读性及美观性，完成后效果如图7-55所示（最终效果参见：光盘\效果文件\项目七\课后练习\折页宣传单.cdr）。

图7-55　折页宣传单效果

（2）根据前面所学知识和你的理解，利用文本工具制作一个水果店的宣传单，具体要求如下。

● 能够提升店面形象，更好地展示产品和服务，说明产品的相关特点。

● 制作时需要对宣传单的版面和文本进行合理的设计。

● 整个页面布局整齐大方，配色合理，完成后效果如图7-56所示（最终效果参见：光盘\效果文件\项目四\课后练习\水果店招.cdr）。

图7-56　水果店招效果

项目八
特殊效果应用

情景导入

小白：阿秀，我想问一问这个透明效果在CorelDRAW中是怎么做出来的？

阿秀：这个需要使用到透明工具制作，在CorelDRAW中，除了制作透明效果，还可制作立体、轮廓图等多种效果呢。

小白：那在CorelDRAW中可以制作的特殊效果都有哪些呢？

阿秀：小白，不要着急，在CorelDRAW中制作矢量图的特殊效果主要是利用交互式工具组中的工具来制作的，包括封套、变形、透镜效果等。

小白：是这样呀，那你赶快教我为图形添加这些特殊效果的方法吧。

学习目标

- 掌握轮廓图工具的使用方法
- 掌握立体化工具的使用方法
- 掌握透明与调和工具的使用方法
- 掌握封套工具的使用方法
- 掌握变形工具的使用方法
- 熟悉透镜效果的添加方法

技能目标

- 掌握"春天海报"和"足球海报"的制作方法
- 掌握"啤酒瓶""手机"和"茶包装"的制作方法

任务一 制作春天海报

春天海报广泛用于商场春季新品上市的促销海报。在CorelDRAW X6中制作该类海报时，要写清具体活动内容和相关提示等信息，下面具体介绍其制作方法。

一、任务目标

本例将练习用CorelDRAW X6制作"春天海报"，在制作时可以先新建文档，然后导入海报背景，再使用相关工具制作海报文字效果，然后为海报添加花纹等。通过本例的学习，可以掌握图形裁剪、轮廓图效果、立体化效果、阴影效果的制作方法。本例制作完成后的最终效果图8-1所示。

图8-1　春天海报效果

二、相关知识

在制作海报之前，首先需要对相关的操作知识有所了解。下面主要对轮廓图工具、立体化工具、阴影工具进行介绍。

（一）轮廓图工具

使用轮廓图工具▣可以方便地对图形进行轮廓化操作，即为图形对象添加一层轮廓。选择需要轮廓化的图形，按住交互式调和工具不放，在展开的面板中选择"轮廓图"选项，切换到交互式轮廓图工具，在属性栏中设置轮廓图的相关属性，此时所选择的图形对象自然被轮廓化。

创建完成后还可以通过图8-2所示的属性栏对其进行修改，包括轮廓图方向、轮廓图步长、轮廓图偏移、轮廓色等。

图8-2　交互式轮廓图工具属性栏

交互式轮廓图工具属性栏中各按钮的含义如下。

- **预设 下拉列表框**：可以选择CorelDRAW自带的轮廓化样式。
- **按钮**：对于创建的图形轮廓图效果，单击该按钮，将打开"另存为"对话框，可对创建后的轮廓图效果进行保存。
- **按钮**：单击其中的按钮可分别向中心、向内和向外轮廓化图形。
- **数值框**：在数值框中输入数值可设置轮廓图的步数。
- **数值框**：在数值框中输入数值可设置轮廓图的偏移量。
- **按钮**：单击相关按钮，可分别选择线形轮廓图颜色方式、顺时针的颜色方式、逆时针的颜色方式。
- **下拉列表框**：设置轮廓图的轮廓色。
- **下拉列表框**：设置轮廓图的填充色。
- **按钮**：单击该按钮将清除轮廓图效果。
- **按钮**：单击该按钮，在弹出的面板中可以设置颜色和对象的加速效果。

（二）立体化工具

选择工具箱中的立体化工具可以通过图形的形状向设置的消失点延伸，从而使二维图形产生逼真的三维立体效果。

选择工具箱中的立体化工具，在需要添加立体化效果的图形上单击将其选择，然后拖曳鼠标光标创建立体化效果。当为图形对象创建立体化效果后，可以根据需要在图8-3所示的属性栏中设置立体化的效果类型、深度、灭点、坐标、方向、斜角、颜色、照明等。

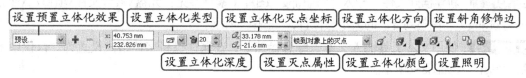

图8-3 立体化工具的属性栏

图形立体化的灭点是指图形立体效果的透视消失点，创建的立体化图形中都有立体化灭点图标。在属性栏中"灭点属性"下拉列表框中有几个选项，其中各选项的含义如下。

- **锁到对象上的灭点**：可将立体化对象的灭点锁定到物体上。
- **锁到页面上的灭点**：可将灭点锁定到页面上，灭点不会随物体位置的移动而移动，物体移动，立体效果也起相应变化。
- **复制灭点，自…**：可在多个立体化对象之间复制灭点。
- **共享灭点**：可使多个立体化对象共用一个灭点，即所有立体化对象只有一个灭点。

（三）阴影工具

使用交互式阴影工具可以为图形添加阴影效果，使图形看起来更具有立体感。使用交互式阴影工具选择需要创建阴影的图形，再使用鼠标在图形上合适的位置处按住鼠标左键进行拖动，到达所需位置后释放鼠标即可。为图形对象添加阴影效果后，可以通过图8-4所示的属性栏设置阴影的透明度、羽化、明暗程度等；如果对阴影效果不满意，还可将其清除，其中各选项的含义如下。

图8-4 交互式阴影工具的属性栏

- 预设 下拉列表框：在该下拉列表框中可选择CorelDRAW中自带的阴影样式。
- "阴影角度"数值框：在该数值框中可设置交互式阴影的角度。
- "阴影的不透明"数值框 50：在该数值框中可设置交互式阴影的透明度。
- "阴影羽化"数值框 15：在该数值框中可设置交互式阴影的边缘羽化程度。
- "阴影羽化方向"按钮：单击该按钮，在打开的面板中可设置交互式阴影的羽化方向。
- 乘 下拉列表框：在该下拉列表框中可选择阴影透明度的相应操作。
- 拉列表框：可设置交互式阴影的颜色。
- "复制阴影属性"按钮：单击该按钮，可以将一个图形的阴影效果复制到另一个图形上。
- "清除阴影"按钮：单击该按钮，可清除图形的阴影效果。

三、任务实施

（一）创建轮廓图效果

下面为文本创建轮廓图，以得到加粗文本的效果。其具体操作如下（微课：光盘\微课视频\项目八\创建轮廓图效果.swf）。

STEP 1 新建横向文件，导入"背景.jpg"图片（素材参见：光盘\素材文件\项目八\任务一\背景.jpg），调整到合适的大小与位置，如图8-5所示。

STEP 2 使用文本工具输入文本"绿意盎然"，在属性栏将字体格式设置为"汉仪中宋简，135pt"，如图8-6所示。

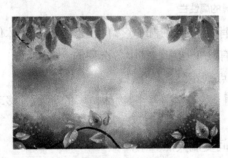

图8-5 导入图片

图8-6 输入文本

STEP 3 选择文本，按【Ctrl+K】组合键拆分为单个文本，对文本进行倾斜操作，并调整大小与排列位置。

STEP 4 按【Ctrl+Q】组合键将文本转曲，使用形状工具和涂抹笔刷工具编辑文本的轮廓，得到图8-7所示的效果。编辑完成后框选所有文本，在属性栏中单击"合并"按钮，合并文本。

STEP 5 选择轮廓图工具，在属性栏中单击"外部轮廓"按钮，从文本中心向边缘拖动创建轮廓图效果，在属性栏中将轮廓步长设置为"1"，将轮廓图偏移设置为"2.5mm"，将文本填充为白色，便于查看轮廓效果，如图8-8所示。

图8-7　编辑文本轮廓

图8-8　创建轮廓图加粗文本

操作提示

按【Crtl+F9】组合键，或选择【窗口】/【泊坞窗】/【轮廓图】菜单命令，打开"轮廓图"泊坞窗，使用交互式轮廓图工具选择已经执行了轮廓化效果的图形对象，然后分别单击泊坞窗中的按钮，在打开的选项中设置好相关参数后，单击　应用　按钮也可修改轮廓图效果。

STEP 6 使用轮廓图工具▣选择文本，在轮廓上按【Ctrl+K】组合键或单击鼠标右键在弹出的快捷菜单中选择"拆分轮廓图群组"命令，拆分轮廓文本与原文本，删除原文本，得到加粗文本的效果，如图8-9所示。

STEP 7 选择轮廓图工具▣，在属性栏单击"外部轮廓"按钮▣，从文本中心向边缘拖动创建轮廓图效果，在属性栏中将轮廓步长设置为"1"，将轮廓图偏移设置为"3mm"，将文本填充为白色，效果如图8-10所示。

图8-9　拆分轮廓图

图8-10　通过轮廓图创建轮廓

操作提示

当需要创建多个轮廓图时，若各个轮廓图的偏移间距相等，可在轮廓图工具的"步长"数值框中进行设置。

（二）创建立体化效果

下面为文本创建立体化效果，其具体操作如下（🎬微课：光盘\微课视频\项目八\创建立体化效果.swf）。

STEP 1 选择文本图形，按【Ctrl+K】组合键拆分轮廓图，然后选择上层的文本图形，使用填充工具为其创建渐变填充效果（白色、白色、C:20 Y:60 、Y:100 、M:60 Y: 100），效果如图8-11所示。

STEP 2 选择底层的文本图形，将其填充为"R:140 G:222 B:48"，如图8-12所示。

图8-11 渐变填充图形　　　　　　　　　　　　　　图8-12 填充图形

STEP 3 选择底层的文本图形，然后选择工具箱中的立体化工具，此时鼠标光标变为形状，将其移至文本中心，按住鼠标左键不放并向左下方拖动，在合适位置处松开鼠标，拖动控制线中间的滑块调整立体化效果的深浅，效果如图8-13所示。

STEP 4 选择立体化图形，在立体化工具属性栏中单击"立体化颜色"按钮，在打开的面板中单击"使用递减的颜色"按钮，分别设置"从"与"到"的颜色值为"R:48 G:149 B:7" "R:0 G:25 B:0"，效果如图8-14所示。

图8-13 创建立体化效果　　　　　　　　　　　图8-14 设置立体化颜色

STEP 5 选择上层的文本图形，然后选择工具箱中的立体化工具，将其移至文本中心，按住鼠标左键不放并向左下方拖动，在合适位置处松开鼠标。

STEP 6 在立体化工具属性栏的"深度"数值框中输入"1"，单击"立体化颜色"按钮，在打开的面板中单击"使用纯色"按钮，在第一个颜色下拉列表框中设置颜色值为"C:20 Y:60"，效果如图8-15所示。

图8-15 创建立体化效果

（三）创建阴影效果

下面为文本创建阴影效果，以突出立体化效果，其具体操作如下（⊛微课：光盘\微课视频\项目八\创建阴影效果.swf）。

STEP 1 选择上层的文本图形，选择工具箱中的阴影工具🔲，鼠标光标变为🔌形状，按住【Ctrl】键使用鼠标从图形中间位置向右拖动，到一定位置后释放鼠标和按键，即可创建阴影，如图8-16所示。

STEP 2 在属性栏中的"阴影不透明度"和"阴影羽化"数值框中输入50和5，按【Enter】键应用设置，调整后的效果如图8-17所示。

图8-16　创建阴影效果

图8-17　调整阴影效果

STEP 3 框选文本图形，按住【Ctrl+G】组合键进行群组，选择工具箱中的阴影工具🔲，使用鼠标从图形中间位置向右方拖动，到一定位置后释放鼠标，即可创建阴影，如图8-18所示。

STEP 4 在属性栏中设置"阴影不透明度"和"阴影颜色"为"60"和"白色"，在"透明度操作"下拉列表中选择"叠加"选项，调整后的效果如图8-19所示。

图8-18　创建阴影效果

图8-19　调整叠加阴影效果

STEP 5 按住【Ctrl】键绘制圆，选择工具箱中的阴影工具🔲，使用鼠标从图形中间位置向右下方拖动创建阴影效果。

STEP 6 选择圆，按【Ctrl+K】组合键拆分阴影，选择阴影与圆，在属性栏单击"移除前面对象"按钮🔲，得到图8-20所示的月牙阴影图形。

STEP 7 将裁剪的阴影移动至文本外围，效果如图8-21所示。

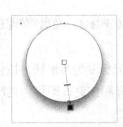 

图8-20　创建与裁剪阴影

图8-21　调整阴影图形位置

（四）添加花纹修饰

下面将添加花纹修饰整体画面，其具体操作如下（**微课**：光盘\微课视频\项目四\添加花纹修饰.swf）。

STEP 1　复制"花纹.cdr"文件中的花纹与昆虫图案（素材参见：光盘\素材文件\项目八\任务一\花纹.cdr），调整大小与位置，并进行群组操作。

STEP 2　在其上单击鼠标右键，在弹出的快捷菜单中选择【顺序】/【置于此对象后面】命令，单击文本图形，将其放置到文本图形下面，如图8-22所示。

STEP 3　使用文本工具在文本图形下方输入文本，设置文本字体为"微软雅黑"，文本颜色为"M:2 Y:20"，调整文本大小，效果如图8-23所示。

图8-22　添加花纹　　　　　　　　　　　　图8-23　添加文本

任务二　制作足球海报

足球海报是常见海报之一，制作足球海报时要求效果能够引人注目，且创意十足。本任务将对制作方法进行详细介绍。

一、任务目标

本任务将使用CorelDRAM效果中的透明工具、封套工具、轮廓图工具、透镜功能制作足球海报。制作时先创建背景效果，然后对足球进行绘制，再合成足球与火焰，最后添加封套文本，完成本例的制作。通过本任务的学习，可以掌握透明工具、封套工具等工具的使用方法。本任务制作完成后的最终效果如图8-24所示。

图8-24　足球海报

二、相关知识

在进行本任务的制作时将涉及到透明工具、封套工具、透镜等工具的使用，下面简单介绍这些工具的含义与用法。

（一）透明工具

使用CorelDRAW X6中的透明工具 ⊡ 可以创建图形的透明效果，制作出如同隔着透明物体看其后景象的效果。创建透明效果的方法为：在透明工具 ⊡ 属性栏中的"透明度类型"下拉列表中选择所需的透明类型，再在图形上拖动鼠标即可创建所需的透明效果。

在创建不同类型的透明效果时，其属性栏中的相关参数也不相同，其中线性、射线、圆锥、方角透明类型的属性栏相似。下面以标准透明效果为例，讲解其属性栏中各参数的含义，用户可以根据各参数的含义调整透明效果，如图8-25所示。

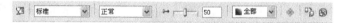

图8-25　透明工具的属性栏

● 标准 ▼ 下拉列表框：在该下拉列表框中可选择所创建透明度的类型。包括标准透明效果、渐变透明效果、图样透明效果、底纹透明效果等。图8-26所示分别为标准、渐变、图样透明效果。

图8-26　标准、渐变、图样透明效果

● 正常 ▼ 下拉列表框：在该下拉列表框中选择透明度的颜色显示方式，可以给图形应用不同的透明样式，包括正常、叠加、屏幕、减淡、加强、变亮等。合理设置叠加、屏幕、Add等方式时，可得到图像的合成效果。图8-27所示为叠加透明效果。

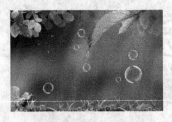

图8-27 叠加透明效果

● **"透明度"数值框**⊢─┌─┐ 50：在该数值框中输入数值，可以设置透明度中心的数值，也可直接拖动其前面的滑块进行设置。

● ▉全部 ▼**下拉列表框**：选择该下拉列表框中的选项，可以选择将透明度应用于图形的填充、轮廓或全部。

● **"冻结"按钮**▧：单击该按钮，可将透明效果冻结，并且透明效果不会随图形的编辑而变化。

● **"复制透明度属性"按钮**▧：单击该按钮，可以将一个图形的透明效果复制到另一个图形上。

● **"清除透明度"按钮**▧：单击该按钮，可清除图形的透明效果。

（二）封套工具

封套是通过改变对象节点和控制点来改变图形基本形状的方法，它可以使对象整体形状随着封套外形的变化而变化。使用封套工具▧单击需要创建封套的图形，然后在图8-28所示的属性栏中选择需要的封套模式，再用鼠标移动所需的节点即可完成封套操作。封套模式包括直线模式、单弧模式、双弧模式、非强制模式。

| 预设... ▼ + − | 矩形 ▼ | ⬚ ⬚ ⟋ ⟋ | ⌐ ⬚ | ⬭ ⬭ ⬭ ⬭ ⬭ | ⬚ | 自由变形 ▼ | ⬚ ⬚ ⬚ |

图8-28 交互式封套工具属性栏

● **"封套的直线模式"按钮**▱：单击该按钮，移动封套控制点时，可以保持封套的边线为直线段，即每个所选节点都只能水平或垂直移动位置，封套的边缘始终是保持直线状态，如图8-29所示。

● **"封套的单弧模式"按钮**▱：单击该按钮，将鼠标光标移到需要移动的节点上按住鼠标左键拖动即可将图形的一边创建为弧形效果，使对象呈现为凹面结构或凸面结构的外观，如图8-30所示。

● **"封套的双弧模式"按钮**▱：单击该按钮，用鼠标移动需要调节的节点，可以将图形创建为一边或多边带S形的封套，同时可为封套添加一个弧形封套，如图8-31所示。

● **"封套的非强制模式"按钮**▱：单击该按钮，即可创建非强制封套，使用鼠标可以随意地修改每个节点的性质和类型。

174

图8-29　直线模式　　　　　　　图8-30　单弧模式　　　　　　　图8-31　双弧模式

- **"添加新封套按钮"按钮**：单击该按钮后，即可在现有的封套效果上创建新的封套效果。
- **按钮**：使用交互式封套工具选择需要复制封套效果的对象，单击该按钮，然后在创建了封套效果的对象上单击，即可将封套效果复制到所选对象上。
- **"清除封套"按钮**：单击该按钮，可清除图形的封套效果。

操作提示

当添加封套后，每次只能清除最近一次的封套效果，如果需要全部清除，则需要重复清除封套效果的操作。

（三）透镜类型

CorelDRAW中提供的透镜类型有很多种，选择【效果】/【透镜】菜单命令，将打开"透镜"泊坞窗，将需要使用透镜查看的对象放置到透镜图形的下方，选择透镜图形，即可在泊坞窗中直接选择所需的透镜效果，如图8-32所示。

图8-32　应用放大透镜效果

在泊坞窗的下拉列表框中提供了11种透镜效果，下面分别对其含义进行介绍。

- **变亮**：将对象的颜色变亮，输入负值后按【Enter】键可变暗。
- **颜色添加**：使对象的颜色添加至透镜的颜色中，使其与透镜的颜色相混合。
- **色彩限度**：只显示黑色和透镜的颜色，其他的浅色则为透镜的颜色。
- **自定义彩色图**：将对象颜色设置为两种颜色间的颜色，还可以设置起始颜色和显示方式。
- **鱼眼**：使透镜下面的对象显示凸透镜效果，与摄影中的鱼眼镜头类似。
- **热图**：使对象显示类似红外线的效果，在泊坞窗的"调色板旋转"数值框中可以调节颜色从冷色到暖色的过程。
- **反显**：使对象以其颜色的补色来显示，类似摄影中的负片效果。

● **放大**：使对象产生类似于放大镜的效果，输入负值后按【Enter】键可缩小透镜区域。

● **灰度浓淡**：使对象以接近原色一半的颜色值显示。

● **透明度**：使透镜下面对象的透明度增强，呈现透明的效果。

● **线框**：对象将会显示透镜的填充颜色和轮廓颜色。

三、任务实施

（一）创建辐射透明背景

下面将使用变形工具制作爆炸图形，其具体操作如下（▶️微课：光盘\微课视频\项目八\创建辐射透明背景.swf）。

STEP 1 新建横向的文件，将其命名为"足球海报.cdr"，双击矩形工具绘制页面矩形，取消轮廓。

STEP 2 使用交互式填充工具 🎨 为其创建渐变填充效果，在属性栏将渐变方式设置为"辐射渐变"，将渐变中心移至右上角位置，调整渐变填充圆的大小，双击半径控制虚线，添加颜色控制点，选择颜色控制点，分别进行颜色填充，效果如图8-33所示。

STEP 3 从辐射渐变中心绘制三角形，将旋转基点移至辐射渐变中心，向上旋转三角形至合适角度后，在不释放鼠标左键的同时单击鼠标右键复制三角形，如图8-34所示。

图8-33　创建辐射渐变填充　　　　　　　　图8-34　绘制三角形

STEP 4 在上一步骤操作的基础上连接按【Ctrl+D】组合键重复旋转与复制的操作，直到旋转一圈的效果，选择并且合并所有三角形，选择透明工具 🎨，并在属性栏中选择"透明类型"为"辐射"，从中心向边缘拖动创建渐变透明效果，调整渐变透明圆的大小，效果如图8-35所示。

STEP 5 导入"人物剪影.png"文件（素材参见：光盘\素材文件\项目八\任务二\人物剪影.png），调整大小与位置，在其上绘制云层图形，取消轮廓，填充为白色，如图8-36所示。

图8-35　创建辐射渐变透明　　　　　　　　图8-36　导入与绘制图形

（二）使用透镜制作足球

下面将使用鱼眼透镜制作足球，其具体操作如下（💿微课：光盘\微课视频\项目八\使用透镜制作足球.swf）。

STEP 1 按住【Ctrl】键绘制一个正六边形，选择【编辑】/【步长和重复】菜单命令，打开"步长和重复"泊坞窗，设置水平"对象之间的间距"为"0"，设置方向为"右"，份数为"4"，垂直无偏移，单击 ▭应用▭ 按钮，效果如图8-37所示。

STEP 2 直接复制并偏移六边形，将其排列成如图8-38所示的效果。

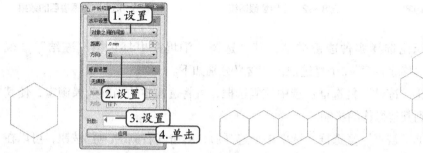

图8-37　设置步长与重复六边形

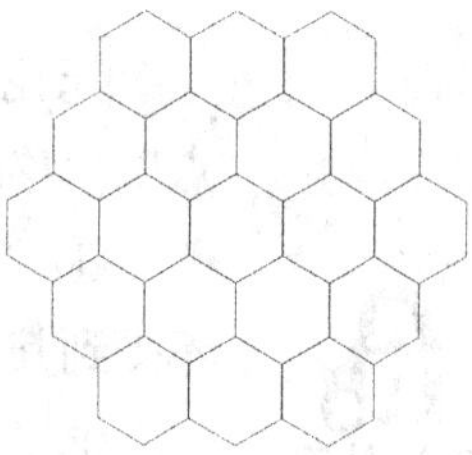

图8-38　排列六边形

STEP 3 将部分六边形填充为黑色，如图8-39所示。框选六边形，按【Ctrl+G】组合键群组六边形。按住【Ctrl】键绘制一个正圆。

STEP 4 使用交互式填充工具为其创建渐变填充效果，在属性栏将渐变方式设置为"辐射渐变"，将渐变中心移至右上角位置，调整渐变填充圆的大小，双击半径控制虚线，添加并选择颜色控制点，分别进行颜色填充，效果如图8-40所示。

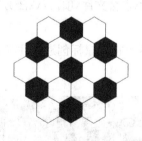

图8-39　填充六边形

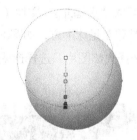

图8-40　创建辐射渐变填充效果

STEP 5 选择渐变圆，调整其大小，将其置于六边形下方，复制圆，置于六边形上方，使其与底部的圆重叠，取消填充，将轮廓粗细设置为"0.5mm"，轮廓色设置为K60，如图8-41所示。

STEP 6 选择【效果】/【透镜】菜单命令或按【Alt+F3】组合键，打开"透镜"泊坞窗，选择透镜类型为"鱼眼"，单击选中"冻结"复选框，如图8-42所示。

STEP 7 得到透镜效果，删除六边形和圆，按【F12】键，打开"轮廓笔"对话框，设置轮廓粗细为"0.5mm"，轮廓色设置为K60，将其移至背景辐射渐变中心，如图8-43所示。

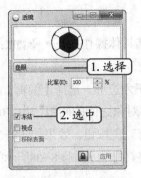

1.选择

2.选中

图8-41 排列透镜与内容　　　　图8-42 应用鱼眼透镜　　　　图8-43 应用透镜后的效果

无论选择哪种透镜类型，其"透镜"泊坞窗中都包括"冻结""视点""移除表面"3个复选框，其含义分别如下。

① "冻结"复选框：选中该复选框，可将透镜中的当前效果锁定，使其不受到其他操作的影响。

② "视点"复选框：选中该复选框后，单击其右侧的 编辑 按钮，可以在不移动对象或透镜的情况下改变透镜的显示区域。

③ "移除表面"复选框：选中该复选框，只能在透镜下的对象区域中显示执行的效果。

（三）创建线性透明

下面通过创建渐变透明，并设置透明方式为"屏幕"，来合成足球、火焰与背景，其具体操作如下（微课：光盘\微课视频\项目八\创建线性透明.swf）。

STEP 1　导入"火焰.jpg"文件（素材参见：光盘\素材文件\项目八\任务二\火焰.jpg），调整大小，将其移至足球上方，如图8-44所示。

STEP 2　选择火焰图片，选择透明工具，从图片上拖动鼠标创建线性渐变透明效果，如图8-45所示。

图8-44 导入火焰图片　　　　　　　图8-45 创建线性渐变透明效果

STEP 3　在属性栏将"透明度操作"设置为"屏幕"，得到隐藏背景颜色与下层图形融合的火焰效果，如图8-46所示。

STEP 4　复制火焰图形，执行旋转操作并将其叠放在原火焰图形上，加强火焰效果，如

图8-47所示。

图8-46　设置透明度操作效果

图8-47　叠放火焰

（四）创建封套效果

通过创建封套可以快速造型图形边缘，得到变形效果，其具体操作如下。（🎬微课：光盘\微课视频\项目八\创建封套效果.swf）

STEP 1　使用文本工具🅣输入文本"足球达人秀"，设置字体为"汉仪菱心体简"，如图8-48所示。按【Ctrl+K】组合键拆分，调整字间距。

STEP 2　群组文本，选择工具箱中的封套工具🔲，此时图形将出现边缘线和控制点，单击选中左侧边缘线中间的控制点，按住鼠标不放拖动，调整轮廓，效果如图8-49所示。

图8-48　输入文本

图8-49　添加封套

STEP 3　使用相同的方法在下方输入文本"FOOTBALL"，设置文本字体为"Arial Black"，使用封套工具🔲编辑该轮廓，其完成后的效果如图8-50所示。

STEP 4　群组"足球达人秀"和"FOOTBALL"文本，选择工具箱中的轮廓图工具🔲，使用鼠标在所选图形上拖动创建轮廓图效果，然后单击属性栏中的"向外"按钮🔲，将轮廓方向设为向外，在"轮廓图步长"数值框中输入"2"，在"轮廓图偏移"数值框中输入"3.5mm"，如图8-51所示。

图8-50　添加封套

图8-51　创建轮廓图效果

（五）处理与添加文本

下面对文本创建渐变填充，并添加相应的文本，完善海报，其具体操作如下（🎬微课：光盘\微课视频\项目八\处理与添加文本.swf）。

STEP 1 选择封套文本，按【Ctrl+K】组合键进行拆分，选择上层文本，使用交互式填充工具为其创建线性渐变填充效果，如图8-52所示。

STEP 2 选择中间层文本图形，按【Ctrl+K】组合键进行拆分，选择中间层文本图形，将其填充为黑色，选择底层文本图形，使用交互式填充工具为其创建线性渐变填充效果，如图8-53所示。

图8-52　选择框架　　　　　　　　　　　图8-53　创建线性渐变填充效果

STEP 3 选择底层文本图形，在工具箱中选择轮廓图工具▣，在所选图形上拖动创建轮廓图效果，然后单击属性栏中的"向外"按钮▣，将轮廓方向设为向外，在"轮廓图步长"数值框中输入"1"，在"轮廓图偏移"数值框中输入"2.6mm"。

STEP 4 在属性栏中将填充色和最后一个填充器的颜色均设置为"K80"，填充后的效果如图8-54所示。

STEP 5 使用文本工具▣在白色区域输入文本"足球达人等你来"，设置字体为"方正中雅宋简，填充为橙色。

STEP 6 在下方继续输入文本，设置文本字体为"Arial"，调整文本大小，将文本段落设置为右对齐，填充为"K90"，如图8-55所示。完成后保存文件即可（最终效果参见：光盘\效果文件\项目八\任务二\足球海报.cdr）。

图8-54　创建封套　　　　　　　　　　图8-55　添加文本

任务三　设计啤酒瓶

啤酒瓶的设计是啤酒包装中重要的设计，啤酒瓶的设计主要在于标签的设计，要求标签效果能够引人注目，且创意十足。本任务将进行详细介绍。

一、任务目标

本任务将使用CorelDRAM效果中斜角功能、变形工具、调和工具、透视效果等设计啤酒瓶，制作时先创建瓶身，再对标签中的文本进行斜角处理，最后制作变形图形、调和图形并添加阴影效果，完成本例的制作。通过本任务的学习，可以掌握透明工具、斜角功能、调和工具、阴影工具的使用方法。本任务制作完成后的最终效果如图8-56所示。

二、相关知识

在进行本任务的制作时将涉及到斜角功能、透视功能的使用，以及调和工具、变形工具等工具的使用。下面简单介绍这些工具的含义与用法。

图8-56 啤酒瓶效果

（一）斜角

为图形添加斜角效果，可以创造出柔和边缘和浮雕效果，选择【效果】/【斜角】菜单命令，打开"斜角"泊坞窗，在其中可对斜角样式、斜角偏移、阴影颜色、光源颜色、强度、方向、高度进行设置，如图8-57所示。下面对主要参数进行介绍。

- **样式**：在该下拉列表中可选择柔和边缘和浮雕两种斜角样式，柔和边缘效果如图8-58所示，浮雕效果如图8-59所示。

- **"到中心"单选项**：选中该单选项，可从对象中心开始进行柔和边缘处理，效果如图8-60所示。

图8-57 啤酒瓶效果

- **"距离"单选项**：选中该单选项，可设置斜角的偏移对图形边缘进行柔和处理。

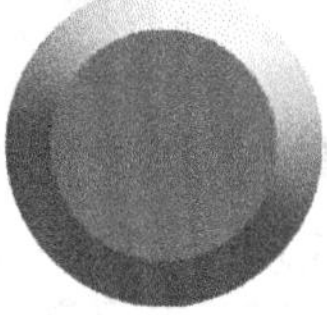

图8-58 柔和边缘效果

图8-59 浮雕效果

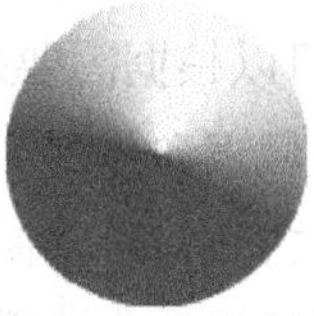

图8-60 到中心的柔和边缘效果

（二）变形工具

使用交互式变形工具可以对图形进行扭曲变形，从而形成一些特殊的效果。变形包括推拉变形、拉链变形、扭曲变形3种方式，分别介绍如下。

- **推拉变形**：通过将图形向不同的方法拖曳，从而将图形边缘推进或拉出。选择图形，选择工具箱中的交互式变形工具，单击属性栏中的"推拉变形"按钮，再将鼠标光标移到选择的图形上，按住鼠标左键不放并拖动（向左拖动表示"推"，可得到尖角效果，向右拖动表示"拉"，可得到圆滑的曲线效果），到合适位置后释放鼠标即可完成变形操作，如图8-61所示。

- **拉链变形**：拉链变形能够在对象的内侧和外侧产生节点，创建出齿轮状的外形轮廓。拉链变形包括随机变形、平滑变形、局部变形3种方式。其操作方法同推拉变形的方法一致，效果如图8-62所示。

- **扭曲变形**：扭曲变形可以使图形对象围绕一点旋转，产生类似螺旋形的效果。同样是使用交互式变形工具，单击属性栏中的"扭曲变形"按钮，然后将鼠标光标移到图形上单击确定变形的中心，然后拖动鼠标光标绕变形中心旋转，到一定效果后释放鼠标即可，如图8-63所示。

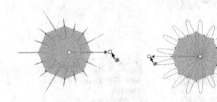
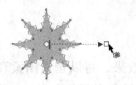

图8-61　推拉变形　　　　　　　　图8-62　拉链变形　　　　　　　　图8-63　扭曲变形

（三）调和工具

调和又称渐变或融合，是把图形通过一定方式变成另外一种图形的平滑过渡效果，在两个图形对象之间会生成一系列的中间过渡对象。调和效果只能对矢量图产生，对位图是不能产生效果的，其中包括形状和颜色轮廓的调和。

选择工具箱中的交互式调和工具后，其属性栏如图8-64所示，属性栏中用户可以根据需要设置调和方向、自定义调和方式、修改调和步数、加速、路径、偏移量、路径等属性。

图8-64　交互式调和工具的属性栏

在CorelDRAW中的调和方式包括直线调和、手绘调和、路径调和、复合调和等，在实际运用中可以根据需要来确定调和的类型。

- **直线调和**：变形的图形对象沿直线变化。它是使用调和工具在图形之间拖动而成的调和方式，可以使用交互式调和工具和"调和"泊坞窗来实现，如图8-65所示。

- **手绘调和**：沿手绘线调和是指图形对象之间沿鼠标拖动时绘制的轨迹来进行调和。选择两个不同颜色的图形，选择交互式调和工具，按住【Alt】键不放，将鼠标光标移到其中的一个图形上，当其变为形状时按住鼠标左键随意拖动，绘制调和图形的路径到第二个图形上后释放鼠标，即可完成手绘调和的操作，如图8-66所示。

- **路径调和**：路径调和是指图形对象沿着指定的路径进行调和，包括沿手绘线调和与沿路径调和，其中路径可以是图形、文本、符号、线条等。其方法是：任意绘制一条路径，然后选择已经创建好的调和对象，单击属性栏中的"路径属性"按钮⬐，在打开的下拉列表中选择"新路径"选项，将鼠标光标移到绘图区中，此时，指针变为⤷形状，单击绘制的路径即可完成路径调和（也可将调和对象右键拖至路径上，释放鼠标在弹出的快捷菜单中选择"使调和合适路径"命令），如图8-67所示。

- **复合调和**：复合调合是指两个以上的图形相互创建的调和，这样可以生成系列调和。其方法是：创建两个图形对象之间的调和后，再选择其中一个原始图的对象与任意其他图形对象创建调和，即可形成复合调和，如图8-68所示。

| 图8-65 直线调和 | 图8-66 手绘调和 | 图8-67 路径调和 | 图8-68 复合调和 |

（四）透视效果

透视效果是一种将二维空间的形体转换成具有立体感的三维空间画面的绘图效果，常用于包装设计，效果图制作等。选择需要创建透视效果的图形，选择【效果】/【添加透视】菜单命令，图形周围出现具有4个节点的红色虚线网格框。按住【Ctrl】键不放，使用鼠标向水平或垂直方向拖动其中的某个节点，创建单点透视效果；使用鼠标向水平或垂直方向拖动任意一个节点，图形将出现两个灭点，此时即创建了两点透视效果。

- **单点透视**：只改变对象的一条边长度，使对象看起来是沿着视图的一个方向后退，适合表现严肃、庄重的空间效果，如图8-69所示。
- **两点透视**：可以改变对象的两条边的长度，从而使对象看起来沿着视图的两个方向后退，适合表现活泼、自由的效果，如图8-70所示。

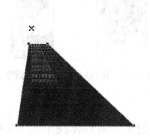

图8-69 单点透视   图8-70 两点透视

三、任务实施

（一）制作啤酒瓶

下面将使用交互式填充工具与透明工具制作啤酒瓶，其具体操作如下（🎬微课：光盘\微课视频\项目八\制作啤酒瓶.swf）。

`STEP 1` 新建文件，将其命名为"啤酒瓶.cdr"，使用钢笔工具绘制啤酒瓶轮廓，使用交互

式填充工具 ✎.为其创建线性渐变填充效果，如图8-71所示。

STEP 2 取消啤酒瓶轮廓，绘制高光图形，取消轮廓填充为白色，使用透明工具为其创建标准透明效果，如图8-72所示。

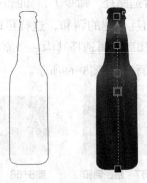

图8-71 新建与填充啤酒瓶

图8-72 制作高光

STEP 3 使用矩形工具绘制矩形，取消轮廓，填充CMYK为"C:15、M:17、Y:25"，选择矩形，并选择封套工具▣，在属性栏中单击"封套的单弧模式"按钮▣，拖动中间的控制点编辑封套效果，如图8-73所示。

STEP 4 使用椭圆工具绘制椭圆，取消轮廓，使用交互式填充工具 ✎.为其创建线性渐变填充效果，在其上绘制黄色矩形，取消轮廓，填充CMYK为"C:15、M:17、Y:25"，如图8-74所示。

图8-73 添加封套效果

图8-74 创建线性渐变填充效果

（二）应用斜角效果

下面将使用斜角中的浮雕功能为图形和文本创建浮雕效果，其具体操作如下（🎬微课：光盘\微课视频\项目八\应用斜角效果.swf）。

STEP 1 复制"城堡.cdr"文件（素材参见：光盘\素材文件\项目八\任务二\城堡.cdr）中的城堡图形，填充为"C:55 M:44 Y:35"，如图8-75所示。

STEP 2 选择城堡图形，选择【效果】/【斜角】菜单命令，打开"斜角"泊坞窗，设置样式为"浮雕"，距离为"0.5mm"，阴影颜色为"白色"，光源颜色为"黑色"，其他参数保持默认设置，单击 [应用] 按钮，效果如图8-76所示。

图8-75 导入城堡图形

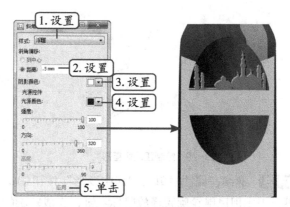

图8-76 应用浮雕效果

STEP 3 输入大写文本"POPA"，在属性栏设置字体为"Copperplate Gothic Bold"，使用交互式填充工具 ◇ 为其创建线性渐变填充效果，如图8-77所示。

STEP 4 选择文本，在"斜角"泊坞窗设置样式为"浮雕"，距离为"1.0mm"，阴影颜色为"白色"，光源颜色为"黑色"，其他参数保持默认设置，单击 应用 按钮，应用浮雕效果，如图8-78所示。

图8-77 输入与填充文本

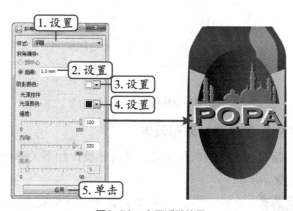

图8-78 应用浮雕效果

（三）使用变形工具

下面通过变形工具制作标志图形，其具体操作如下（ ◉微课：光盘\微课视频\项目八\使用变形工具.swf）。

STEP 1 按住【Ctrl】键使用星形工具绘制正八角星形，如图8-79所示。

STEP 2 选择变形工具 ▣ ，在属性栏中单击"扭曲变形"按钮 ↻ ，从八角星形中心拖动鼠标扭曲变形图形，在属性栏中将"完整旋转"设置为"1"圈，将"附加角度"设置为"30°"，按【Enter】键，效果如图8-80所示。

操作提示

变形后的对象还可继续进行相同的变形操作，只需在属性栏中单击"添加新变形"按钮 ↻ ，则可继续进行相同的变形操作。

图8-79 绘制正八角星形

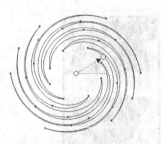

图8-80 扭曲变形效果

STEP 3 继续在属性栏单击"居中变形"按钮⊞，从图形中心向左下角拖动鼠标创建扭曲效果，当出现凤凰轮廓后释放鼠标左键，完成轮廓的创建，如图8-81所示。

STEP 4 取消凤凰图形轮廓，填充CMYK为"C:15 M:17 Y:25"，调整大小将其移动至城堡左上角，如图8-82所示。

图8-81 居中变形

图8-82 填充图形

（四）创建路径调和效果

下面将创建路径调和效果，其具体操作如下（❀微课：光盘\微课视频\项目八\创建路径调和效果.swf）。

STEP 1 绘制圆形，将轮廓设置为"0.5mm"，轮廓色设置为"白色"，导入"图片.jpg"文件（素材参见：光盘\素材文件\项目八\任务二\图片.jpg），将其裁剪到绘制的圆形中，如图8-83所示。

STEP 2 使用星形工具绘制正五角星，取消轮廓，填充为"M:41 Y:25"，复制并缩小星形，将其移动到右侧一定距离，选择工具箱中的调和工具⊠，按住鼠标左键不放从一个五角星上拖动到另一个五角星上，创建调和效果，如图8-84所示。

图8-83 导入并裁剪图片　　　　图8-84 创建调和效果

STEP 3 沿椭圆下边缘绘制曲线，选择调和对象，在属性栏中单击"路径属性"按钮，在打开的下拉列表中选择"新路径"选项，鼠标光标变为 形状，将其移动到曲线上单击，如图8-85所示。

STEP 4 选择调和对象，在属性栏单击"更多调和选项"按钮，在打开的下拉列表中选择"沿全路径调和"选项，效果如图8-86所示。

图8-85 选择调和的路径　　　　　　　　　　图8-86 沿路径调和效果

STEP 5 选择调和对象，在属性栏将调和步长更改为"15"，效果如图8-87所示。

STEP 6 使用形状工具编辑调和路径，选择调和对象，按【Ctrl+K】组合键拆分调和效果与调和路径，删除调和路径，效果如图8-88所示。

图8-87 更改调和步长　　　　　　　　　　图8-88 拆分路径与调和图形

（五）添加透视效果

下面为文本添加透视效果，其具体操作如下（　微课：光盘\微课视频\项目八\添加透视效果.swf）。

STEP 1 按【Shift】键缩小椭圆至合适大小后单击鼠标右键复制椭圆，并取消填充，将轮廓设置为"0.5mm"，将轮廓色设置为"C:15、M:17、Y:25"，调整期叠放顺序，如图8-89所示。

STEP 2 在椭圆下方绘制图形取消轮廓，填充为"R: 163、G:76、B:76"，在中间输入文本"BEER"，设置字体为"Arial"，填充为白色，使用封套工具调整文本的轮廓，如图8-90所示。

操作提示　　　添加透视效果后，若需要撤销透视效果，可选择透视后的对象，选择【效果】/【清除透视点】菜单命令来清除透视效果。

图8-89 复制椭圆

图8-90 输入并调整文本

STEP 3 在两边输入文本"Time1988",设置字体为"Arial",选择文本,选择【效果】/【添加透视点】菜单命令,在文本上出现红色虚线,如图8-91所示。

STEP 4 拖动"Time1988"四角的控制点调整透视效果,使其呈现立体化视觉效果,如图8-92所示。

图8-91 添加透视点

图8-92 调整透视效果

STEP 5 在瓶颈处绘制图形,取消轮廓,填充为"C:52 M:100 Y:100 K:42",复制并缩小"BEER"文本,如图8-93所示。

STEP 6 在下方继续输入段落文本,设置文本字体为"Arial",在属性栏中将对齐方式设置"居中对齐",调整文本大小。

STEP 7 双击矩形工具创建背景,取消轮廓填充为"C:0 M:4 Y:2 K:9"。

STEP 8 群组酒瓶,使用阴影工具向下拖动群组酒瓶创建阴影效果,在属性栏中将不透明度与阴影羽化值均设置为"100",如图8-94所示。

STEP 9 按【Enter】键完成设置。完成后保存文件即可(最终效果参见:光盘\效果文件\项目八\任务三\酒品瓶.cdr)。

图8-93 选择框架

图8-94 添加阴影效果

实训一 制作手机效果图

【实训要求】

本实训要求绘制手机外观，其中包括轮廓的制作、手机屏幕的裁剪、手机高光与倒影的制作等，下面进行详细介绍。

【实训思路】

根据实训要求，制作时可先使用轮廓图创建手机轮廓，拆分轮廓并分别进行填充，然后绘制手机按钮，再渐变填充按钮，裁剪图片到屏幕中，最后添加透明效果完成制作，参考效果如图8-95所示。

图8-95 手机效果

【步骤提示】

STEP 1 新建一个文件，绘制圆角矩形，使用轮廓图工具创建两个轮廓，按【Ctrl+K】组合键拆分轮廓图，从内到外分别填充为"C:93 M:88 Y:89 K:80""K:95""K:30"。

STEP 2 绘制手机的部件图形，取消轮廓，进行线形渐变填充。

STEP 3 绘制屏幕矩形，导入"屏幕1.jpg"图片（素材参见：光盘\素材文件\项目八\实训一\屏幕1.jpg），调整图片大小，将其裁剪到屏幕图形中。

STEP 4 在屏幕上绘制图标、输入时间等文本，填充为白色。在屏幕上绘制白色无轮廓图形，创建线性渐变透明效果，在属性栏中调整不透明值。

STEP 5 群组并复制手机图形，再根据图形镜像手机，选择镜像后的手机，选择【位图】/【转换为位图】效果命令，将其转换为位图，使用透明工具创建线性透明效果。

STEP 6 复制手机图形，导入"屏幕2.jpg"图片（素材参见：光盘\素材文件\项目八\实训一\屏幕2.jpg），调整图片大小，将其裁剪到屏幕图形中，使用相同的方法制作手机背面效果，完成后保存文件即可（最终效果参见：光盘\效果文件\项目八\实训一\手机.cdr）。

实训二 制作茶包装

【实训要求】

本实训要求使用透视功能、透明工具等制作茶包装盒，制作时首先需要绘制茶包装的外观，再绘制包装盒上的图形，使用提供的素材文件装饰盒，然后为文本添加透视效果，制作包装盒的阴效果（素材参见：光盘\素材文件\项目八\实训二\茶包装.cdr），完成效果如图8-96所示。

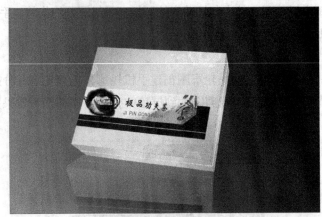

图8-96　茶包装效果

【实训思路】

根据实训要求，本实训可先创建盒子和添加文本，再制作阴影，最后保存框架即可。

【步骤提示】

STEP 1 新建一个横向文件，绘制包装盒的各面，然后取消轮廓创建渐变填充效果，在侧面添加黄色线条作为缝隙，完成盒形的制作。

STEP 2 在盒面上绘制图形，将提供的素材文件裁剪到图形中。

STEP 3 输入"极品功夫茶"文本，将字体设置为"汉仪魏碑简"，调整大小，在其下输入大写字母，并设置字体为"Arial"，字体颜色为"M:21 Y:35 C:65"。

STEP 4 群组两排文本，选择【效果】/【添加透视点】菜单命令，调整透视效果，使其适合盒面。输入文本"茶莊"，按【Ctrl+Q】组合键转曲，使用形状工具与造型功能编辑轮廓，为其添加透视效果。

STEP 5 复制多个素材中的花纹，调整不同的大小，群组花纹，为其创建渐变填充效果与透视效果，将其裁剪到盒面中。

STEP 6 群组并复制包装盒，执行镜像操作，选择镜像后的包装盒，选择【位图】/【转换为位图】效果命令，将其转换为位图，使用透明工具创建线性透明效果，完成后保存文件即可（最终效果参见：光盘\效果文件\项目八\实训二\茶包装.cdr）。

常见疑难解析

问：在CorelDRAW X6中可以对位图直接添加透镜效果吗？

答：不能。由于透镜效果不改变对象本身，只改变图形对象的视觉效果，所以必须要有一个矢量图形作为透镜才能为位图添加透镜效果。

问：在给图形对象添加透镜效果时，怎样实时进行预览所选透镜类型的效果？

答：将"透镜"泊坞窗中的▣按钮按下，在选择不同的透镜类型时便可实时进行预览。

问："放大"透镜与"鱼眼"透镜的效果有区别吗？

答：有区别。"放大"透镜只对图形对象产生放大效果，不会使图形对象产生变形效果；而"鱼眼"透镜会对图形对象产生变形效果。

问：渐变透明与渐变填充的效果比较类似，它们之间有区别吗？

答：有区别。渐变透明是由一种颜色向透明渐变，而渐变填充是由一种颜色向另一种颜色渐变。

问：将阴影颜色设置为白色时，为什么不显示白色的阴影效果呢？

答：可以显示出来的，需要在属性栏中更改"透明度操作"为"正常"，因为一般计算机中默认的透明度操作都是"乘"或者是"差异"，这些透明度操作对白色而言都是看不出来的。

拓展知识

在CorelDRAW中提供了添加角效果功能，通过该新功能，可以非常方便地为图形添加圆角、扇形切角和倒角等效果。

选择需要添加角效果的图形，然后选择【窗口】/【泊坞窗】/【圆角/扇形切角/倒角】菜单命令，打开"圆角/扇形切角/倒角"泊坞窗，在泊坞窗中的"操作"下拉列表框中可选择需要添加的角效果，在"半径"数值框中可输入数值，设置半径的大小，如图8-97所示。

图8-97 圆角/扇形切角/倒角

课后练习

（1）根据前面所学知识和你的理解制作"促销海报"，在制作时可以先新建文档，再使用相关工具制作海报的背景效果，然后为海报制作相关图形效果等。通过本例的学习，可以掌握图框精确裁剪、调和效果、立体化效果、透视、透镜效果的制作方法，具体要求如下。

● 添加调和效果为海报制作背景。

● 通过图框精确裁剪将绘制的图形放置在矩形中。

● 绘制图形，再为其添加立体化效果，为图形和文本添加透视效果，然后在相应位置添加透镜效果，完成后效果如图8-98所示（最终效果参见：光盘\效果文件\项目八\课后练习\促销海报.cdr）。

图8-98　促销海报效果

（2）根据前面所学知识和你的理解，制作一张关于母亲节的广告海报，具体要求如下。

● 在制作时要注意色彩的应用，一定要符合主题，且主题文本明确。

● 在制作的过程中，运用到交互式调和工具、交互式立体化工具、交互式轮廓图工具、交互式透明工具、交互式阴影工具。

● 整个页面布局整齐大方，完成后效果如图8-99所示（最终效果参见：光盘\效果文件\项目八\课后练习\折页宣传单.cdr）。

图8-99　折页宣传单效果

项目九
位图处理与文件输出

情景导入

阿秀：小白，经过前面的学习，在CorelDRAW中编辑矢量图的操作已经基本掌握了，那接下来便是掌握一些在CorelDRAW中编辑位图与文件打印输出的相关操作。

小白：咦？在CorelDRAW中也可以编辑位图吗？不是说CorelDRAW是一个矢量图的编辑软件吗？

阿秀：虽然CorelDRAW是编辑矢量图的软件，但是为了工作方便，同样也可以对位图进行一定的操作。

小白：是这样呀？那也可以像Photoshop这样对位图进行编辑吗？

阿秀：小白，CorelDRAW只能对位图进行一些相对简单操作，若是对位图进行处理，还需要借助专业的位图编辑软件才行，接下来学习在CorelDRAW中编辑位图的方法。

学习目标

- 掌握调整位图的基本操作
- 掌握变换与矫正位图等操作
- 掌握位图滤镜效果的添加方法
- 了解控制图像质量、分色和打样、纸张类型、印刷效果等知识
- 掌握印前设计工作流程

技能目标

- 掌握"旅行海报"的制作方法
- 掌握打印输出文件的相关知识

任务一 制作旅行海报

海报的种类繁多，主要用于宣传产品，促进消费。在CorelDRAW中制作旅行海报，主要是通过导入的素材图片来表现，下面具体介绍其制作方法。

一、任务目标

本例将练习用CorelDRAW制作旅行的宣传海报，在制作时需要先新建图形文件，然后导入素材图片，并对导入的图片进行编辑。通过本例的学习，可以掌握在CorelDRAW中编辑位图、调整位图颜色、转换位图的操作。本例制作完成后的最终效果图9-1所示。

图9-1 旅行海报效果

二、相关知识

在CorelDRAW X6中可以多方位的调整位图的颜色，还可变换与校正位图，为位图添加特效。下面便对这些操作进行介绍。

（一）调整位图的相关命令

调整位图颜色包括调整图像的色度、亮度、对比度、饱和度等。选择【效果】/【调整】菜单命令，将打开如图9-2所示的子菜单，其中提供了多种用于调整位图颜色的命令，在子菜单中选择需要的命令，然后设置相关参数，单击 确定 按钮即可。下面分别对各个子菜单命令进行讲解。

图9-2 调整位图的相关命令

- **高反差**："高反差"命令是通过移动滑块来调整暗部和亮部的细节，效果如图9-3所示。
- **局部平衡**：局部平衡是指通过改变图像各颜色边缘的对比度来调整图像的暗部和亮部细节，效果如图9-4所示。
- **取样\目标平衡**：使用"取样/目标平衡"命令调整图像是通过直接从图像中提取颜色样品来调整图像，如图9-5所示为将黄色调整为绿色的效果。

图9-3 原图与高反差效果　　　图9-4 局部平衡效果　　图9-5 取样/目标平衡效果

- **调和曲线**：通过"调和曲线"菜单命令控制单个像素值可以精确地校正颜色，通过改变像素亮度值，可以改变阴影、中间色调、高光，效果如图9-6所示。
- **亮度/对比度/强度**：使用"亮度/对比度/强度"命令可以对位图的亮度、对比度、强度进行调整。"亮度"是指图形的明亮程度，"对比度"指图形中白色和黑色部分的反差，"强度"则指图形中的色彩强度，效果如图9-7所示。
- **颜色平衡**：调整色彩通道可以在RGB和CMYK之间转换颜色模式，颜色平衡是对每一个控制量进行设置，从而矫正图片颜色，效果如图9-8所示。
- **伽玛值**：伽玛值是一种校色方法，其原理是人眼因相邻区域的色值不同而产生的视觉印象，用于在不影响阴影感高光的情况下强化较低对比度区域的细节，效果如图9-9所示。

图9-6 调和曲线效果　　图9-7 亮度/对比度/强度效果　　图9-8 颜色平衡效果　　图9-9 伽玛值效果

- **色度/饱和度/亮度**：通过对色度、饱和度、亮度的调整可以改变图片的颜色深浅，效果如图9-10所示。
- **所选颜色**：通过增加或减少图像中的CMYK值可设置图像颜色，效果如图9-11所示。
- **替换颜色**：从图像中选取一种颜色，在所选区域上创建一个屏蔽，在这个屏蔽中进行颜色调整，效果如图9-12所示。
- **取消饱和**：取消饱和是将图片的颜色模式改变成灰度方式，选中需要调整的位图，选择【效果】/【调整】/【取消饱和】菜单命令即可，效果如图9-13所示。

图9-10 色度/饱和度/亮度　　图9-11 所选颜色效果　　图9-12 替换颜色效果　　图9-13 取消饱和效果

- **通道混合器**：使用"通道混合器"命令可以通过改变不同颜色通道的数值来改变图像的色调。

除使用"调整"菜单命令下的子菜单进行调整颜色外，还可通过【位图】/【自动调整】菜单命令和【位图】/【图像调整实验室】菜单命令对位图的颜色进行调整。

- **自动调整**："自动调整"命令可以对导入或转换生成的位图颜色的对比度进行自动调整。选择【位图】/【自动调整】菜单命令，CorelDRAW X6将自动对位图进行调整，没有设置参数的过程。

● **图像调整实验室**："图像调整实验室"命令可以手动调整位图的色调、饱和度、亮度、对比度、温度、浅色等，而且还可以分别对高光、暗部、中间调等部分进行调整，"图像调整实验室"对话框上面有一排按钮，通过那些按钮可以选择原始图像和调整后效果的预览方式，并且可以将预览窗口进行放大、缩小、旋转和移动，效果如图9-14所示。

图9-14 图像调整实验室

（二）变换与校正位图的相关命令

变换与校正位图是对位图图像的颜色进行处理，以达到特殊的显示效果，下面分别进行讲解。

● **去交错**：选择【效果】/【变换】/【去交错】菜单命令，可以把扫描仪在扫描图像过程中产生的网点消除，从而使图像更加清晰。

● **反显**：选择【效果】/【变换】/【反显】菜单命令，可以把图像的颜色转换为与其相对应的颜色，从而生成图像的负片效果，如图9-15所示。

● **极色化**：选择【效果】/【变换】/【极色化】菜单命令，可以把图像颜色简单化处理，得到极色化的效果，如图9-16所示。

图9-15 反显效果

图9-16 极色化效果

● **尘埃与刮痕**：选择【效果】/【校正】/【尘埃与刮痕】菜单命令，可以通过更改图像中相异像素的差异来减少杂色。

（三）位图颜色遮罩

使用位图颜色遮罩可以隐藏或更改选择的颜色，而不改变图像中的其他颜色，常用于删除某些不需要的背景颜色。下面便对几种颜色遮罩的方法进行讲解。

● **为单色位图着色**：选择位图，选择【位图】/【模式】/【黑白】菜单命令，将位图转换为黑白单色位图模式。选择黑白模式的单色位图，使用鼠标左键单击调色板中的颜色，修改位图的背景颜色，即白色区域；使用鼠标右键单击调色板中的颜色，修改位图的前景色，即黑色区域，如图9-17所示。

图9-17　为单色位图着色

● **隐藏位图颜色**：选择需要进行颜色遮罩的位图，选择【位图】/【位图颜色遮罩】菜单命令，将打开"位图颜色遮罩"泊坞窗，默认单击选中"隐藏颜色"单选项，单击"颜色选择"按钮 📉，在位图中单击需要隐藏的颜色即可，设置"容限"值，单击 应用 按钮即可进行隐藏，如图9-18所示。

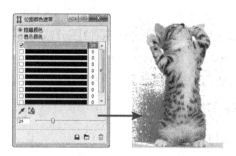

图9-18　隐藏位图颜色效果

操作提示

　　　　隐藏颜色后，若发现隐藏的颜色不彻底，可继续选择下一个颜色条，单击"颜色选择"按钮 📉，再单击没有隐藏的区域，调整隐藏的范围值，单击 应用 按钮继续进行隐藏。

● **显示位图颜色**：选择位图，同样在"位图颜色遮罩"泊坞窗中单击选中"显示颜色"单选项，然后在颜色列表框中单击选中需要显示颜色的复选框，单击"颜色选择"按钮 📉，单击位图上需要显示的颜色区域即可，拖动"容限"的滑块，设置"容限"值，单击 应用 按钮即可进行显示。

（四）位图滤镜效果

在CorelDRAW X6中提供了10种73个滤镜特效，选择"位图"菜单命令，在弹出的子菜单底部包括有三维效果、艺术笔触、颜色转换、轮廓图、创造性等，选择其下相应的子菜单命令即可得到位图的特殊效果。下面分别对几种常用滤镜进行简单介绍。

● **三维旋转**：选择该命令可得到立体的旋转效果。

● **浮雕**：选择该命令可得到浮雕效果。用户可以控制浮雕的深度和角度。

● **卷页**：选择该命令可使图片的一角或多角出现卷页效果。

● **素描盘**：选择该命令可将图像转换为铅笔素描。

● **高斯模糊**：选择该命令可使位图按照高斯分配产生朦胧的效果。

● **动态模糊**：选择该命令可产生图像运动的幻像。

● **曝光**：选择该命令可将位图转为底片，并能调节曝光的效果。

● **查找边缘**：选择该命令可将对象边缘搜索出来并将其转换成软或硬的轮廓线。

● **描绘轮廓**：选择该命令可增强位图对象的边缘。

● **框架**：选择该命令可用预设图框或其他图像框化位图。

● **马赛克**：选择该命令可使位图像产生不规则椭圆小片拼成的马赛克画效果。

● **虚光**：选择该命令可使位图像被一个像框围绕着，从而产生古典像框的效果。

● **气候**：选择该命令可在位图中添加大气环境，如雪、雨等。

● **风**：选择该命令可使位图产生一种风刮过图像的效果。

● **替换**：选择该命令可通过在两幅图像间的颜色值，按照置换图像的值来改变现有的位图。

● **像素化**：选择该命令可将一幅位图分成方形、矩形等像素单元，从而创建出夸张的位图外观。

● **平铺**：选择该命令可产生一系列图像。

三、任务实施

（一）导入与裁剪位图

在CorelDRAW中新建一个图形文件，然后导入需要的背景素材图片，裁剪图片后对其进行编辑。其具体操作如下（🎬微课：光盘\微课视频\项目九\导入与裁剪位图.swf）。

STEP 1 新建一个图形文件，然后将其保存为"旅行海报.cdr"。

STEP 2 按【Ctrl+I】组合键或选择【文件】/【导入】菜单命令导入"1.jpg"素材文件（素材参见：光盘\素材文件\项目九\任务一\1.jpg），如图9-19所示。

STEP 3 选择工具箱中的裁剪工具🔲，在需要的图像区域拖动鼠标左键绘制页面大小的剪裁区域，按【Enter】键完成裁剪，效果如图9-20所示。

图9-19 导入素材

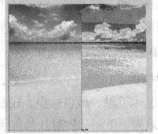
图9-20 裁剪图片

操作提示

使用形状工具也可裁剪图像，裁剪后按【F10】键拖动图形上的角点可显示之前裁剪的图像。

操作提示

在导入位图时，在"导入"对话框中单击 导入 按钮右侧的下拉按钮，在打开的下拉列表中选择"重新取样并装入"或"裁剪并装入"选项，可在打开的对话框中设置图片的分辨率大小或拖动节点调整裁剪区域。

STEP 4 绘制宽度为1.5mm白色轮廓的矩形并填充为白色，复制4个矩形，导入"5~8.jpg、11.jpg"素材文件（素材参见：光盘\素材文件\项目九\任务一\5~8.jpg、11.jpg），调整图片，通过【效果/【图狂风精确裁剪】菜单命令将其裁剪到白色矩形中，如图9-21所示。

STEP 5 旋转与调整叠放顺序，导入"镜头图标.png"素材文件（素材参见：光盘\素材文件\项目九\任务一\镜头图标.png），如图9-22所示。

图9-21　图框裁剪图片

图9-22　导入素材

STEP 6 绘制圆、矩形等图形，取消轮廓，填充为相应颜色，导入"2~4.jpg、9~10.jpg"素材文件（素材参见：光盘\素材文件\项目九\任务一\2~4.jpg、9~10.jpg），调整大小或裁剪图片，排列为如图9-23所示的效果。

STEP 7 导入"三脚架.png、气球.png"素材文件（素材参见：光盘\素材文件\项目九\任务一\三脚架.png、气球.png），调整大小与位置，选择三脚架图片，选择工具箱中的阴影工具，鼠标光标变为形状，使用鼠标从图形下方边缘位置向上方拖动创建的阴影。

图9-23　导入图片

图9-24　创建阴影

（二）调整位图颜色

下面为导入的图片调整颜色，然后将其分别放置在相应位置。其具体操作如下（微课：光盘\微课视频\项目九\调整位图颜色.swf）。

STEP 1 选择背景位图，选择【效果】/【调整】/【调和曲线】菜单命令，打开"调和曲线"对话框。

STEP 2 在打开的对话框中直接向上拖动方框中的直线，或在下方的x和y数值框中分别
输入"93""137"，然后单击 预览 按钮查看调整过后的效果，再单击 确定 按钮，其设
置后的效果如图9-25所示。

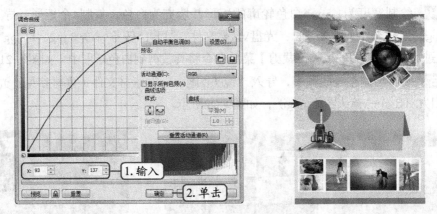

图9-25　设置调和曲线

STEP 3 选择"9.jpg"位图，选择【效果】/【调整】/【通道混合器】菜单命令，打开"通
道混合器"对话框，设置"输出通道"为"红"，再将"红"通道值设置为"100"，然后单击
预览 按钮查看调整过后的效果，单击 确定 按钮完成通道混合的设置，如图9-26所示。

操作提示

在"通道混合器"对话框中单击选中"仅预览输出通道"复选框，将在
预览窗中查看"输入通道"下拉列表框中所选通道的变化情况。

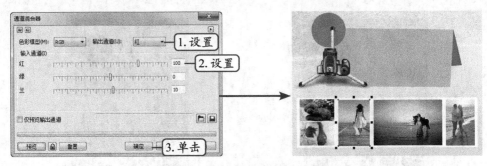

图9-26　设置红色通道颜色后的效果

（三）转换为位图

下面将绘制的矢量图形转换为位图，以方便为其添加位图的特效。其具体操作如下
（📽微课：光盘\微课视频\项目九\转换为位图.swf）。

STEP 1 选择星形工具，在属性栏将角数设置为"40"，将锐度设置为"80"，拖动鼠
标绘制星形，取消轮廓，填充为白色，效果如图9-27所示。

STEP 2 选择相机的图片，选择【位图】/【转换为位图】菜单命令，在打开的对话框中

设置分辨率为300dpi，并设置颜色模式为"CMYK颜色（32位）"，如图9-28所示。

STEP 3 完成后单击 确定 按钮即可，根据相同的方法将所有图片的颜色模式都转换为CMYK颜色，分辨率都为200dpi。

图9-27 绘制星形

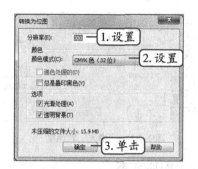

图9-28 设置转换为位图

操作提示

若需要将位图转换为矢量图，可选择【位图】/【快速描摹（中线描摹、轮廓描摹】菜单命令，在打开的对话框中设置描摹的细节与平滑度，单击 确定 按钮即可。

（四）为位图添加特效

下面为位图添加高斯模糊和虚光效果。其具体操作如下（🎬微课：光盘\微课视频\项目九\为位图添加特效.swf）。

STEP 1 选择转换为位图的白色星形，选择【位图】/【模糊】/【高斯式模糊】菜单命令，打开"高斯式模糊"对话框。

STEP 2 在"半径"文本框中输入"25"，然后单击 预览 按钮查看调整过后的效果，单击 确定 按钮，如图9-29所示。

STEP 3 原位复制模糊后的星形，增强光线强度，将两个光线位图置于背景图形的上层，效果如图9-30所示。

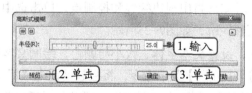

图9-29 添加高斯式模糊

图9-30 高斯式模糊效果

STEP 4 选择小狗位图，选择【位图】/【创造性】/【虚光】菜单命令，打开"虚光"对话框，单击选中"其他"单选项，设置虚光颜色为"C:42 Y:4"，单击选中"椭圆形"单选项，设置平移和褪色分别为"100""75"，如图9-31所示。

STEP 5 然后单击 预览 按钮查看添加虚光的效果，单击 确定 按钮，完成虚光的设置，如图9-32所示。

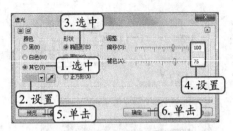

图9-31 "虚光"对话框

图9-32 虚光效果

（五）添加文本

下面为导入的图片调整颜色，然后将其分别放置在相应位置。其具体操作如下（🎬微课：光盘\微课视频\项目九\添加文本.swf）。

STEP 1 使用文本工具在页面上方输入文本"我们一起去旅行""——旅行吧"，在属性栏分别将文本字体设置为"汉仪综艺体简""Arial"，设置文本的轮廓与填充色，在图形四角绘制三角形，设置与"我们一起去旅行"相同的轮廓与渐变填充颜色，如图9-33所示。

STEP 2 选择轮廓图工具▣，在属性栏单击"外部轮廓"按钮▣，从文本中心向边缘拖动创建轮廓图效果，在属性栏中将轮廓步长设置为"1"，将轮廓图偏移设置为"1.38mm"，将轮廓与轮廓图填充为白色，如图9-34所示。

图9-33 输入与填充文本

图9-34 创建轮廓图

STEP 3 选择工具箱中的封套工具▣，此时图形将出现边缘线和控制点，单击选中左侧边缘线中间的控制点，按住鼠标不放拖动，调整轮廓，如图9-35所示。

STEP 4 在页面下方分别输入对应的文本，设置文本字体、大小与颜色，绘制文本框输入段落文本，设置文本格式，再选择【文本】/【分栏】菜单命令，将栏数设置为"2"，栏宽设置为"8mm"，在"文本属性"泊坞窗中设置行间距为"120%"，段前与段后间距均设置为"150%"，效果如图9-36所示。

操作提示

在实际制作过程中，也可将文本转化为位图，并可添加粒子、模式、风吹、湿壁画等位图效果来制作一些特效字。

图9-35　添加封套

图9-36　输入并设置文本

STEP 5 在页面最下方的绿色矩形条上输入热线、网址等信息，设置文本格式为"微软雅黑，白色"，如图9-37所示。完成后保存文件即可（最终效果参见：光盘\效果文件\项目九\任务一\旅行海报.cdr）。

图9-37　输入文本

任务二　打印输出图形

CorelDRAW提供了强大的打印功能，用户可根据需要设置不同的打印属性、打印版面。利用打印预览功能，还可及时发现打印中存在的错误。不过在打印之前，需要做好一些打印的准备工作，如文本转曲和CMYK颜色模式转换，从而得到更佳的打印效果。

一、　任务目标

本例将练习用CorelDRAW打印输出图形的相关操作，下面具体进行讲解。

二、　相关知识

将设计完成的作品印刷出品是一个复杂的过程，需要了解印刷输出的相关知识，下面分别对这些知识进行讲解。

（一）印前设计工作流程

印前设计的一般工作流程包括以下几个基本过程。

● 根据客户的要求明确设计及印刷要求。

● 根据客户的要求进行样稿设计，包括版面设计、文字输入、图像导入、创意和拼版等。

● 制作出黑白或彩色校稿，让客户修改。

- 据客户的意见修改样稿。
- 再次出校稿，让客户修改直到定稿。
- 客户签字定稿后出菲林。
- 印前打样。
- 送交印刷打样，如无问题，客户签字；若有问题，需重新修改并输出菲林。至此，印前设计工作全部完成。

（二）分色和打样

下面对分色和打样的相关知识进行介绍。

- **分色**：分色是指将原稿上的各种颜色分解为黄、品红、青、黑4种原色颜色。在电脑印刷设计或平面设计类软件中，分色工作就是将扫描图像或其他来源图像的色彩模式转换为CMYK模式。

- **打样**：打样是指模拟印刷，在制版与印刷间起着承上启下的作用，主要用于阶调与色调能否取得良好的合成再现，并将复制再现的误差及应达到的数据标准提供给制版，作为修正或再次制版的依据。同时为印刷的墨色、墨层密度、网点扩大数据提供参考样张，并作编辑校对的签字样张。

一般扫描图像和用数码相机拍摄的图像为RGB模式，从网上下载的图片也大多是RGB模式，所以要印刷时必须对这些图片进行分色。

（三）纸张类型

纸张主要分为工业用纸、包装用纸、生活用纸、文化用纸、印刷用纸等，这里主要讲解与平面设计关系密切的印刷用纸。根据纸张的性能和特点可以将印刷用纸大致分为新闻纸、凸版印刷纸、铜版纸、凹版印刷纸、白板纸等。

- **新闻纸**：新闻纸一般用于报纸。新闻纸的纸质松软、吸墨能力强，具有一定的机械强度，其缺点是抗水性差，且时间一长易变黄，不适于保存。由于新闻纸有一定的颜色，所以色彩表现程度不是很好。

- **凸版印刷纸**：凸版印刷纸适于用凸版印刷，纸张的性能与新闻纸相似，其抗水性、色彩表现程度等都比新闻纸略好一些。

- **铜版纸**：铜版纸也称为胶版印刷纸，分为单面铜版纸和双面铜版纸。单面铜版纸的一面平整光滑、色纯度较高，能得到较好的印刷效果，另一面平整却不光滑、纯度较低，不能得到较好的印刷效果。双面铜版纸的两个面都平整光滑，因此适用于两面都需印刷的对象，如商业宣传单和画册等。

- **凹版印刷纸**：凹版印刷纸的纸张表面洁白且具有一定的硬度，具有良好的抗水性和耐用性，主要用于印刷邮票、精美画册等印刷要求较高的印刷品。

- **白板纸**：白板纸质地均匀，在表面涂有一层涂料，纸张洁白且纯度高，可均匀吸墨，有良好的抗水性和耐用性，常用于商品的包装盒和挂图等。

行业提示　　在印刷前要向客户了解设计作品的用途，有何特殊工艺需求，对印刷用纸有何要求等。这样可以在了解纸张性能的同时再来设计作品，以避免设计效果和印刷效果差异的尴尬。

（四）印刷效果

在平面设计中，除了要了解纸张类型外，还需要熟悉各种印刷效果的区别，因为这与印刷成本有直接的关系。如在报纸上打广告，除了全彩印刷外，还可以使用套色来印刷。

- **单色印刷**：单色印刷即使用黑色进行印刷，该印刷只有一种颜色，成本最低。根据浓度的不同可以显示出黑色或黑色到白色之间的灰色，常用于印刷较简单的宣传单和单色教材等。

- **套色**：套色是在单色印刷的基础上再印上CMYK中任意一种颜色，如最常见的报纸和广告中的套红就是在单色印刷的基础上套印洋红色，而且这种印刷方式的成本较低。

- **专色印刷**：专色印刷通常指金色或银色，因为打印机等其他输出设备使用的CMYK墨水不能很好地表现出金色或银色的效果，所以专门用一种特定的油墨来印刷该颜色。

- **双色印刷**：双色印刷即使用两种颜色进行印刷，成本较单色印刷高，通常为CMYK模式中的任意两种颜色进行印刷。

- **四色印刷**：四色印刷效果最好，但成本也较高，常用于印刷DM单、全彩杂志等。

行业提示　　不同印刷厂的专色数值有可能不一样，因此要使用专色印刷前，应与印刷厂做好沟通。在设计中自定义的非标准专色，印刷厂不一定能准确地调配出来，而且在屏幕上也不能看到准确的颜色，所以通常情况下，若客户不做特殊要求尽量不要使用自定义的专色。

（五）控制图像质量

胶印印刷是将连续调的图像分解成不连续的网点，通过这些大小不一的网点传递油墨，复制图像。其中对图像质量的要求是关键，评价图像质量的内容包括以下几个方面。

- **图像的阶调再现**：指原稿中的明暗变化与印刷品的明暗变化之间的对应关系，阶调复制的关键在于对各种内容的原稿作相应处理，以达到最佳复制效果。

- **色彩的复制**：指两种色域空间的转化及颜色数值的对应关系。评价印刷品的色彩复制，不是看屏幕的颜色，而是看原稿中的颜色是用多少的CMYK来表示，看这些数值是否是最佳设置。

- **清晰度的强调处理**：是弥补连续调的原稿经挂网变成不连续的图像时所引起的边缘界线模糊。评价清晰度的复制，就是看对于不同种类的原稿，是否采用了相应的处理，以保证印刷品能达到观看的要求。

三、任务实施

（一）文本转曲与CMYK模式转换

在印刷或输出设计作品前，都需要做详细的检查工作，为了避免文本在其他计算机或设备上显示错误或用其他的字体代替，或印刷颜色与计算机显示颜色不符的情况发生。需要对作品进行文字转曲或转化色彩模式为印刷的CMYK色。其具体操作如下（◎微课：光盘\微课视频\项目九\文本转曲与CMYK模式转换.swf）。

STEP 1 打开设计的作品，选择【排列】/【取消全部群组】菜单命令将所有对象全部解散群组。选择【编辑】/【全选】/【文本】菜单命令或选中所有要转曲的文字，按【Ctrl+Q】组合键即可。

操作提示 将文字转曲后，如果担心遗漏有未转曲的文字，可以选择【文本】/【文本统计信息】菜单命令，打开"统计"对话框，在对话框中将显示段落文本和美术字对象的个数，以及使用的字体等信息。

STEP 2 选择位图，选择【位图】/【模式】/【CMYK颜色（32位）】菜单命令，即可将位图颜色模式转换为CMYK模式。

STEP 3 选择【编辑】/【查找和替换】/【替换对象】菜单命令，打开"替换向导"对话框。单击选中"替换颜色模型或调色板"单选项，单击 下一步(N) > 按钮，如图9-38所示。

STEP 4 在打开对话框的列表框中选择CMYK颜色模型，单击选中"填充"单选项，单击 完成 按钮，如图9-39所示。将文件中所有矢量对象的填充色转换为CMYK模式。单击选中"轮廓"单选项，使用相同的方法将文件中所有矢量对象的轮廓色转换为CMYK模式。

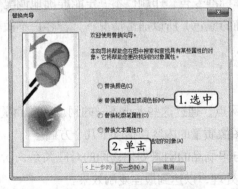

图9-38　"查找向导"对话框

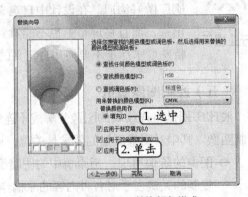

图9-39　替换颜色模式

STEP 5 文字转曲和色彩模式转换完成后，可以通过选择【文件】/【文档信息】菜单命令，在打开的"文档信息"对话框中查看当前文件的相关信息，了解是否所有的文字已经转曲，是否还有其他色彩模式的位图或矢量图，而且还可以查看文档中所应用的样式和效果等。

操作提示 文档默认的填充模式为CMYK模式，若将单个对象的颜色填充为其他颜色模式，在该对象的颜色填充对话框中选择CMYK颜色模式也可进行转换。

（二）设置打印属性

在进行文件打印之前需要选择连接打印机的名称、纸张尺寸、送纸方向、分辨率、打印范围、打印份数等。其具体操作如下（🎬微课：光盘\微课视频\项目九\设置打印属性.swf）。

STEP 1 打开需要打印的图形文件后，选择【文件】/【打印】菜单命令，打开"打印"对话框，默认打开"常规"选项卡，在"打印"对话框的"目标"栏中可以选择打印机名称、打印页面的方向，单击 首选项(P)... 按钮可在打开的打印机属性对话框中选择不同的选项卡如图9-40所示。

STEP 2 完成后对纸张尺寸、送纸方向、分辨率等进行设置，如图9-41所示。

图9-40 "打印"对话框

图9-41 设置打印机属性

知识补充

在设置打印范围和打印份数时，其中各选项的功能如下。

● **"当前文档"单选项**：该单选项为默认选项，表示打印当前页面中的页面框中的图形文件。

● **"文档"单选项**：单击选中该单选项，将列出绘图窗口中所有打开的文件，用户可从中选择需要打印的图形文件。

● **"当前页"单选项**：表示只打印当前页面。

● **"选定内容"单选项**：当在绘图页面中选择部分图形后该单选项才能成为可选状态，选中后表示只打印选取区域内的图形。

● **"页"单选项**：该单选项只有在创建两个以上的页面时才能被激活。激活后可在其文本框中输入要打印页面的范围，也可在下方的下拉列表框中选择打印奇数页或偶数页。连续页可使用~符号相连，不连续页可使用英文逗号分隔。

STEP 3 在"打印范围"栏中可以设置打印范围，在"副本"栏的"份数"数值框中输入数值可以设置打印的份数。

STEP 4 单击"颜色"选项卡，单击选中"分色打印"单选项，将激活对话框的"分色"选项卡，选择"分色"选项卡，单击选中对应分色的复选框，将分别打印对应的分色，默认为全部选中，如图9-42所示。

STEP 5 单击"布局"选项卡，在"图像位置和大小"栏中可以设置图形在页面上的位置、输出的尺寸大小、拼接打印。单击选中"出血限制"复选框，在其右侧的数值框中输入出血数值，如图9-43所示。设置完成后单击 打印 按钮可进行打印。

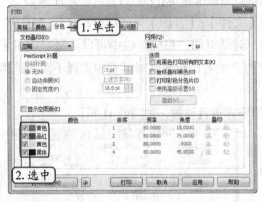

图9-42 设置打印分色

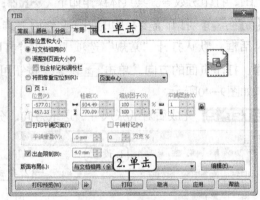

图9-43 设置打印版面与出血

（三）预览并打印文件

设置好打印属性后，可以预览图形文件的打印情况，这样能够避免因为设置不当造成的错误。预览无误后即可进行打印操作，其具体操作如下（🎬微课：光盘\微课视频\项目九\预览并打印文件.swf）。

STEP 1 选择【文件】/【打印预览】菜单命令或在"打印"对话框中单击 打印预览(W) 按钮，将打开"打印预览"窗口，如图9-44所示。在该窗口中可以进行预览操作。

STEP 2 单击左侧工具箱中的挑选工具 ，在预览图像上单击并按住鼠标不放拖动，即可移动整个预览图像在页面中的位置；单击缩放工具 ，在窗口中单击鼠标左键可放大视窗，按住【Shift】键的同时单击鼠标左键，则可以缩小视窗。

STEP 3 预览无误后单击属性栏中的"打印"按钮 ，或按【Ctrl+P】组合键进行打印。

图9-44 "打印预览"窗口

操作提示

在"打印预览"窗口中选择【文件】/【关闭打印预览】菜单命令，或单击 按钮，可关闭打印预览窗口。

（四）彩色印刷输出

除了打印输出外，CorelDRAW还支持彩色印刷输出，其具体操作如下（⊙微课：光盘\微课视频\项目九\彩色印刷输出.swf）。

STEP 1 　选择【文件】/【收集用于输出】菜单命令，打开"收集用于输出"对话框。对话框中默认选中"自动收集所有与文档相关的文件（建议）"单选项，如图9-45所示。

STEP 2 　依次单击 下一步 按钮，直至在打开的对话框中确认是否要复制作品中用到的字体，这里保持默认值的设置，如图9-46所示。

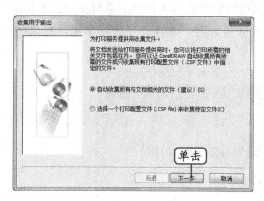

图9-45　打开对话框

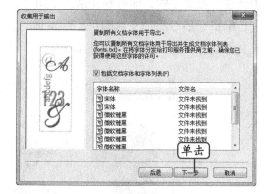

图9-46　复制字体

STEP 3 　依次单击 下一步 按钮，直至在打开的对话框中要求选择文件存储的位置，单击 浏览(R)... 按钮，选择输出文件的存放位置，如图9-47所示。

STEP 4 　依次单击 下一步 按钮直至提示要求的文件已建立，并在"文件"列表框中显示创建的文件，单击 完成 按钮完成文件相关信息的输出，如图9-48所示。

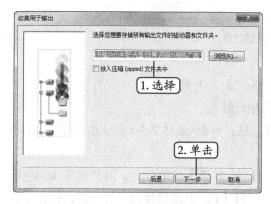

图9-47　设置文件保存位置

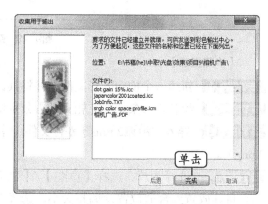

图9-48　完成输出

知识补充

选择【文件】/【导出到网页】菜单命令，或选择【文件】/【发布到PDF】菜单命令，可将CorelDRAW文件输出为网页支持的格式，即PNG、GIF、JPG（或JPEG）格式，或PDF阅读模式。

项目九　位图处理与文件输出

实训一 制作杂志内页

【实训要求】

本实训要求利用编辑和处理位图的相关知识制作杂志内页。制作时要充分利用图片来表现效果。并要求绘制的图形颜色鲜明，主题突出。

【实训思路】

本实训主要运用到的知识点包括导入与裁剪位图、为位图添加滤镜等。在CorelDRAW中新建图形文件后，即可制作杂志中图片，完成图片的制作后导入提供的素材文件，对位图进行编辑，最后添加文本即可。本实训的完成后的效果如图9-49所示（效果参见：光盘\效果文件\项目八\实训一\杂志内页.cdr）。

图9-49 杂志内页效果

【步骤提示】

STEP 1 新建一个横向图形文件，并将其保存为"杂志内页.cdr"。

STEP 2 绘制矩形条，填充轮廓，再分别填充相应颜色。

STEP 3 导入"海滩2.png"素材文件（素材参见：光盘\素材文件\项目九\实训一\海滩2.png）。

STEP 4 选择图片，选择【位图】/【创造性】/【框架】菜单命令，对图片添加白色边框。将其放置到合适位置，调整大小，选择图片，按【F10】键切换到形状工具，选择下方的两个角点按住【Ctrl】键进行拖动，裁剪不需要的图像部分。

STEP 5 选择【位图】/【创造性】/【天气】菜单命令，为图片设置浓度为"7"，方向为"45°"的小雨效果。

STEP 6 绘制白色轮廓的圆，导入"海滩1.png"素材文件（素材参见：光盘\素材文件\项目九\实训一\海滩1.png），将其裁剪到圆中，使用相同的方法将该图片裁剪到其他圆中。

STEP 7 输入文本，设置字体和字号后，按【Ctrl+Q】组合键转曲，为其填充颜色和设置轮廓，作为主体文本。

STEP 8 继续输入文本，设置相关的字符属性，完成制作（最终效果参见：光盘\效果文件\项目九\实训一\杂志内页.cdr）。

实训二　设置并打印杂志内页

【实训要求】

本实训要求打开前面实训一中制作的"杂志.cdr"图形文件，先设置打印的纸张大小为A3，方向为横向，然后进行打印预览，并设置版面布局和打印位置，最后将其打印出来。打印预览效果如图9-50所示。

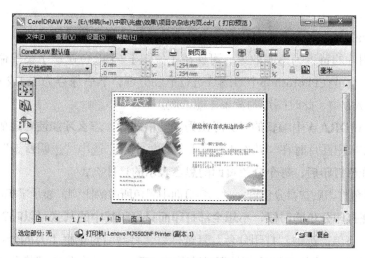

图9-50　打印预览

【实训思路】

在打印海报之前，要先设置其打印的纸张大小，然后在"打印预览"窗口中进行设置。

【步骤提示】

STEP 1 启动CorelDRAW X6，打开实训一中制作的"杂志内页.cdr"图形文件，另存为"杂志打印.cdr"图形文件。

STEP 2 选择【编辑】/【全选】/【文本】菜单命令或选中所有要转曲的文字，按【Ctrl+Q】组合键转曲。

STEP 3 选择位图，选择【位图】/【模式】/【CMYK颜色（32位）】菜单命令，即可将位图颜色模式转换为CMYK模式。

STEP 4 选择裁剪位图的圆，选择【位图】/【转化为位图】菜单命令，即可将位图颜色模式转换为CMYK模式。

STEP 5 选择【文件】/【打印设置】菜单命令，选择需要使用的打印机名称，然后单击 首选项(P)... 按钮，设置打印纸张大小和方向。

STEP 6 打开"打印预览"窗口，单击工具箱中右侧工具按钮，设置打印布局、打印套准标记和色彩校正列等。

STEP 7 单击打印预览窗口中属性栏的"打印"按钮📇，开始打印设置后的图形，完成后保存文件即可（最终效果参见：光盘\效果文件\项目九\实训二\打印杂志.cdr）。

常见疑难解析

问：在对位图执行"滤镜"命令时，感觉电脑运行速度很慢，稍微改变一下参数需要很久才会显示出效果，能够解决这个问题吗？

答：在效果设置对话框中，调动参数后再单击 预览 按钮，如果 预览 按钮旁的📇按钮被按下，每调动一次参数都会发生变化，所以速度会比较慢。为了避免这种情况，一般都取消选中📇按钮。

问：在CorelDRAW中编辑图片时，怎么才能使图片的背景透明？

答：要使图片的背景为透明效果，可使用【位图】/【颜色遮罩】菜单命令隐藏背景颜色来达到目的，也可在Photoshop中对图片进行抠图处理，然后保存为.psd或.png格式后，再导入到CorelDRAW中，此时图片的背景才能透明。

问：将CorelDRAW中编辑的对象导出为其他格式时，怎么才能使对象的背景透明？

答：需要在导出图片时在"转换为位图"对话框中单击选中"透明背景"复选框。

问：进行分色打印后，每个分色页面的黑色表示的是什么？

答：进行分色打印后查看分色页面时，各页面中黑色所占的比例，表示了相应颜色的多少。

问：如果在打印分色的时候，不想全部打印而只打印其中的某张可以吗？

答：可以。当单击选中"打印分色"复选框后，将激活对话框下方的分色列表框，并且列表框中的4种颜色对应的复选框都处于选中状态，表示每一个分色都将分别打印。如果只想打印其中的某张，取消选中不需要打印的分色片前面所对应的复选框即可。

拓展知识

1、删除背景

在Photoshop中使用钢笔工具完成路径的绘制后，按【Ctrl+Enter】组合键转换路径为选区，然后按【Ctrl+J】组合键复制绘制的选区图形，在"图层"面板中双击背景图形，在打开的对话框中单击 确定 按钮，将其转换为普通图层，然后在该图层上单击鼠标右键，在弹出的快捷键中选择"删除图层"命令，即可删除位图的背景图像。

2、合并打印

合并打印用于打印一批格式相同而内容不同的文件，如信封、名片、请柬等，创建合并打印的操作有如下。

STEP 1 打开文件，选择【文件】/【合并打印】/【创建/装入合并域】菜单命令，根据向导创建、添加或保存域。

STEP 2 创建域后，将打开"合并打印"工具栏，将文本插入点定位到需要插入到域的位置，在"域"下拉列表中选择一个域名称单击 **插入** 按钮。

STEP 3 选择【文件】/【合并打印】/【执行合并】菜单命令，即可执行合并打印操作，打印多份相同格式不同域内容的文件，如图9-51所示。若在"合并打印"工具栏单击"合并域到新文档"按钮，将自动生成多个相同格式不同域名的页面。

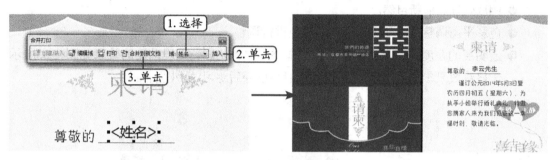

图9-51 插入合并域

课后练习

（1）根据前面所学知识和你的理解制作"相机广告"，在制作时需要首先编辑位图、添加滤镜效果，然后转换位图，具体要求如下。

● 导入位图并调整大小至合适位置，调整图片的颜色为同一色调。

● 为图片添加相应的滤镜。

● 转换位图，然后添加文本为图形和文本，完成后效果如图9-52所示（最终效果参见：光盘\效果文件\项目九\课后练习\相机广告.cdr）。

图9-52 相机广告效果

（2）打开任意图形文件，对文件进行印刷输出，先结合前面所讲知识将文字转曲，转换图像的CMYK颜色模式，然后利用"配备'彩色输出中心'向导"对话框将文件发送到彩色输出中心，最后通过该文件进行批量的彩色印刷输出。

（3）根据前面所学知识和你的理解对婚纱照进行处理。在处理时需要先替换天空的颜色、再调整颜色平衡度，绘制太阳将其转换为位图进行模糊处理，最后添加渐变透明层。添加文本将图形转换为位图，再导出为JPG图片，具体要求如下。

● 照片处理后清新自然。

● 色彩平衡调整时需要根据天空的颜色进行调整。

● 透明层的角度为左上到右下，为文本添加白色阴影，处理前后的效果如图9-53所示（最终效果参见：光盘\效果文件\项目九\课后练习\婚纱照.jpg）。

图9-53　婚纱照处理前后的效果对比

PART 10

项目十
综合实例——VI设计

情景导入

阿秀：小白，通过前面的学习，相信你就可以在CorelDRAW中大展拳脚了。

小白：那么我可以对公司交代的任务进行制作了？

阿秀：这个不急，掌握这些知识后，需要多加练习，才能融汇贯通的使用。

小白：这样啊，那我先做些什么来练习呢？

阿秀：小白，那你先进行这套VI设计吧，让我先看看你制作的效果。

小白：VI是什么呢？

阿秀：VI是企业的视觉识别系统，在制作过程中你就会逐渐了解了。

学习目标

● 了解VI设计的相关知识
● 掌握企业VI的标志设计
● 掌握VI的其他系统设计

技能目标

● 掌握LOGO的制作方法
● 掌握办公制品的制作方法
● 掌握其他相关类别的制作方法

任务一 设计LOGO

【任务要求】

本任务将练习用CorelDRAW制作VI系统中的LOGO，即企业的标志，它是表明事物特征的记号，它以显著、易识别的物象、图形或文字符号为直观语言，要求以简洁明了的图形、强烈的视觉刺激效果，给人留下深刻的印象。在制作时可以先新建文档，然后根据需要利用各种绘图工具制作企业LOGO。本例制作完成后的最终效果图10-1所示（效果参见：光盘\效果文件\项目十\任务一\企业LOGO.cdr）。

图10-1 LOGO 效果

【任务思路】

LOGO设计是企业VI设计中的重要组成部分，在制作之前，首先需要认真确认客户的要求，然后可以在纸上绘制出大致的创意图形，最后根据要求在CorelDRAW中将其绘制出来。

行业提示　　　　一般来说，在设计标志时，所包含的内容包括LOGO及其创意说明、标志墨稿、标志反白效果图、标志的标准化制图、方格坐标制图、预留空间、最小比例限定、特定效果色展示（标准色）。

【操作步骤】

STEP 1 新建一个空白文件，绘制黑色的矩形作为背景，使用椭圆工具绘制无轮廓白色圆，按【Ctrl+Q】组合键将其转曲，涂抹边缘，使用形状工具调整出如图10-2所示的效果。

STEP 2 在图形上方绘制两个不同高度的白色无轮廓矩形条。使用工具箱中的交互式调和工具为两个矩形添加调和效果，在属性栏中设置调和步长为"8"，如图10-3所示。

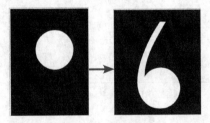

图10-2 绘制与调整图形

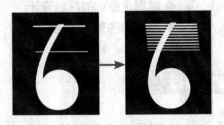

图10-3 添加调和效果

STEP 3 选择调和图形，按【Ctrl+K】组合键拆分调和图形，同时选择所有图形，在属性栏单击"移除前面对象"按钮得到裁剪后的效果。

STEP 4 在圆形上端绘制图形，取消轮廓填充为红色，如图10-4所示。

STEP 5 在中间绘制白色矩形，取消轮廓，输入文本，在属性栏中将文本的字体设置为"alphabold"，调整大小，放置到矩形中间，如图10-5所示。

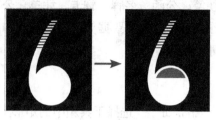

图10-4 裁剪与绘制图形

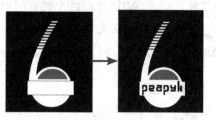

图10-5 输入文本

STEP 6 继续在下方输入文本，将文本的字体设置为"Arial"，在下方绘制白色无轮廓椭圆，增加立体效果，如图10-6所示。

STEP 7 转曲标志中的文本，绘制灰色、浅灰色的背景，为标志填充其他标准色，群组各个标志，效果如图10-7所示。保存文件完成本任务的制作。

图10-6 输入文本并绘制图形

图10-7 设置标志颜色

任务二 设计办公纸品

【任务要求】

本任务将练习用CorelDRAW制作VI系统中的办公纸品，办公纸品种类丰富，本例主要对其中的名片、信封、信纸与传真纸进行设计，在制作时可先新建页面绘制办公纸品，然后根据需要应用制作的企业LOGO。通过本例的制作掌握CorelDRAW中绘图工具、阴影工具、文本工具等的综合运用。本例制作完成后的最终效果图10-8所示（效果参见：光盘\效果文件\项目十\任务二\办公纸品设计.cdr）。

图10-8 办公纸品设计效果

【任务思路】

办公纸品是办公用品的一部分，在制作之前，可在网上搜索一些优秀的模板，再结合公司的标志，对整体风格进行构思，最后根据要求在CorelDRAW中将其绘制出来。

 行业提示　　VI设计项目主要有信封、信纸、便笺、公函、名牌、胸卡、凭单、公文封、公文夹、合同、卡片、请柬、工作证、备忘录、票据等，不同企业和品牌的VI，所设计的具体项目也有所不同。

【操作步骤】

STEP 1　新建一个图形文件，将其保存为"办公纸品.cdr"。选择工具箱中的矩形工具，绘制一个大小为90mm×53mm的矩形。

STEP 2　然后复制任务一中的"企业LOGO.cdr"文件中的白色标志到矩形上，并缩放到适当大小。在其下方绘制白色线条与矩形块，使用调和工具为矩形块创建调和效果，在属性栏中调整调和步长值，效果如图10-9所示。

STEP 3　群组调和矩形与直线，使用透明工具从左向右拖动鼠标创建渐变透明效果，如图10-10所示。

图10-9　调和矩形

图10-10　创建渐变透明效果

STEP 4　复制矩形，将其填充为白色，使用阴影工具为其创建阴影效果，阴影方向如图10-11所示。

STEP 5　复制名片正面的标志，将白色区域更改为浅灰色（K40），将部分文本更改为白色，在右侧输入文本，将英文字体设置为"Arial"，将中文字体设置为"汉一中宋简"，调整大小与排列方式。

STEP 6　将"Samery"字体颜色设置为"红色"，将部分文本颜色设置为"K:80"，复制名片的调和矩形，并将其填充为"K:30"，调整大小分隔英汉文本段，效果如图10-12所示。

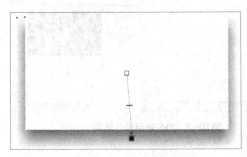

图10-11　创建阴影效果

图10-12　添加标志与文本

STEP 7 添加页面，使用矩形工具、文本工具、贝塞尔工具绘制如图10-13所示的信封图形，注意转曲文本，并设置邮编框的轮廓颜色为红色，再将信封填充为白色。

STEP 8 将信封上面的图形填充为红色（M:86 Y:52），复制调和矩形，缩放其大小后将其放置在相应位置，将调和矩形颜色更改为红色（M:86 Y:52）。

STEP 9 复制"企业LOGO.cdr"文件中红色标志图形，缩放到合适大小后将其放置在相应位置，在标志后面输入相应文本。

STEP 10 取消信封轮廓，群组信封所有对象，使用阴影工具为其创建阴影效果，如图10-14所示。

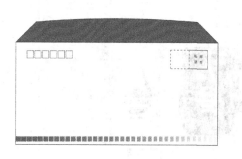

图10-13　绘制信封图形　　　　　　　　　　图10-14　完成信封的制作

STEP 11 添加页面，绘制一个矩形，填充为白色，然后复制"企业LOGO.cdr"文件中的红色标志到相应位置，复制该标志，将其颜色更改为浅灰色（K10）制作水印效果。

STEP 12 使用文本工具输入相应文本，设置字体为"微软雅黑"，当设置相应大小后转曲文本，完成信纸的制作，如图10-15所示。

STEP 13 通过页面标签复制页面，删除页面文本，重新输入传真纸相关内容，设置字体为"微软雅黑"，再设置英文字体为"方正小标宋简体"，当设置相应大小后转曲文本，在各行文本的下面绘制一个直线，对齐与分布后的效果如图10-16所示，完成传真纸的制作。保存文件，完成本任务的制作。

图10-15　完成信纸的制作

图10-16　完成传真纸的制作

任务三 设计办公水杯系列

【任务要求】

本任务将用CorelDRAW制作VI系统中的办公水杯系列，包括一次性纸杯、饮料杯、瓷杯三种类型的水杯设计。在制作时可以先新建文档，然后根据需要利用绘图工具制作水杯外观，再添加标志图形。通过制作，掌握CorelDRAW中各种渐变填充、位图转换、位图效果应用等知识的综合运用。本例制作完成后的最终效果图10-17所示（效果参见：光盘\效果文件\项目十\任务三\办公水杯系列.cdr）。

图10-17　办公水杯系列效果

【任务思路】

水杯是日常生活与工作中不可或缺的饮水工具，也是企业VI设计的组成部分。在制作之前，首先需要对水杯的材质、外形等进行设计，然后绘制水杯模型，最后在根据要求添加企业标志。

行业提示

水杯的材质不同，其办公用途也有所不同，如一次性纸杯多用于提供给客户使用，而瓷杯可以在企业人员中使用。

【操作步骤】

STEP 1 新建文件，将其保存为"水杯系列.cdr"，添加页面，在页面中绘制一个椭圆形，然后设置填充颜色为深灰、灰色和白色，取消轮廓线，如图10-18所示。

STEP 2 在椭圆外绘制两个椭圆的圆环，设置其颜色为白色和灰色，如图10-19所示。

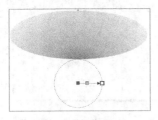

图10-18　设置椭圆颜色

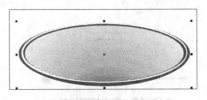

图10-19　绘制圆环

STEP 3 使用工具箱中的调和工具为两个椭圆环添加调和效果，而属性栏中的各参数保持默认设置即可，如图10-20所示。

STEP 4 继续绘制纸杯的杯体图形，设置颜色为灰色、白色和深灰，取消轮廓线，效果如图10-21所示。

图10-20 添加调和效果

图10-21 绘制杯体图形

STEP 5 为杯底绘制红色装饰图形，取消轮廓，复制"企业LOGO.cdr"文件中的黑色标志到相应位置，缩放大小，如图10-22所示。

STEP 6 群组水杯图形，使用阴影工具从底部向右上方拖动创建阴影效果，在属性栏调整阴影羽化值与阴影不透明度，效果如图10-23所示。

图10-22 添加标志

图10-23 完成一次性纸杯制作

STEP 7 复制纸杯的杯体图形，更改其外观，在其上绘制杯盖图形，取消轮廓，使用交互式填充工具从下向上拖动鼠标创建线性渐变填充效果（M:100 Y:78、M:93 Y:56、C:42 M:100 Y:100 K:13、C:28 M:100 Y:100 K:0），效果如图10-24所示。

图10-24 创建线性渐变填充效果

STEP 8 继续绘制杯盖图形，取消轮廓，右键拖动上一杯盖图形到该图形上释放鼠标，在弹出的快捷菜单中选择"复制填充"命令，变换控制线的上下方向，调整颜色节点位置，效果如图10-25所示。

STEP 9 继续绘制杯盖图形，取消轮廓，使用交互式填充工具从下向上拖动鼠标创建线性渐变填充效果（M:91 Y:53、M:93 Y:56、C:15 M:100 Y:82），如图10-26所示。

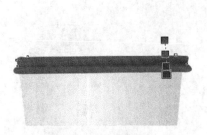

图10-25 复制填充 图10-26 线性渐变填充

STEP 10 复制"企业LOGO.cdr"文件中的红色标志到相应位置，缩放大小，将颜色更改为与杯盖融合的红色（M:93 Y:55），效果如图10-27所示。

STEP 11 群组水杯图形，使用阴影工具从底部向右上方拖动创建阴影效果，在属性栏中调整阴影羽化值与阴影不透明度，如图10-28所示。

图10-27 添加标志效果 图10-28 完成加盖水杯的制作

STEP 12 新建页面，使用钢笔工具绘制瓷杯的大致轮廓，效果如图10-29所示。

STEP 13 分别为杯身（C:20 M:15 Y:15、C:20 M:15 Y:15、C:12 M:9 Y:9、C:12 M:9 Y:9、C:13 M:9 Y:9、C:33 M:25 Y:24）、杯口（C:18 M:14 Y:13 K:10、C:20 M:15 Y:15、C:12 M:9 Y:9、C:13 M:9 Y:9、C:29 M:23 Y:22 K:10）、杯柄（C:12 M:9 Y:9）、杯弦（白色）填充相应的渐变色或纯色，取消轮廓，效果如图10-30所示。

图10-29 绘制瓷杯轮廓 图10-30 填充瓷杯

STEP 14 使用钢笔工具绘制杯柄的阴影部分，取消轮廓，填充为不同灰色，如图10-31所示。

STEP 15 选择绘制的阴影部分图形，选择【位图】/【转化为位图】菜单命令将其转换为位图，选择【模糊】/【高斯式模糊】菜单命令，在打开的对话框中设置模糊半径为"5"，效果如图10-32所示。若一次模糊效果不明显可重复执行该操作得到更强的模糊效果。

图10-31　绘制阴影部分

图10-32　添加模糊效果

STEP 16 选择模糊图形，使用透明工具为其添加标准透明效果，再将其裁剪到杯柄中，效果如图10-33所示。

STEP 17 在杯身和杯柄上绘制其他暗部和高光区域的图形，取消轮廓，填充为灰色或白色，使用相同的方法将其转换为位图，并添加高斯式模糊效果和透明效果，如图10-34所示。

图10-33　设置透明度

图10-34　制作高光效果

STEP 18 群组水杯图形，使用阴影工具从底部向右上方拖动创建阴影效果，在属性栏调整阴影羽化值与阴影不透明度，效果如图10-35所示。

STEP 19 复制"企业LOGO.cdr"文件中的黑色标志，缩放大小并移动到相应位置，使用阴影工具为标志添加白色强光（阴影操作方式）效果，将阴影不透明度设置为"100"，完成该类水杯的制作。

STEP 20 复制并缩放水杯，调整杯身、标志、杯口颜色，完成后使用相同的方法制作黑色水杯，将其置于白色水杯下层，保存文件完成本任务的制作，完成后的效果如图10-36所示。

图10-35　创建阴影　　　　　　　　　　　　图10-36　瓷水杯完成效果

任务四　设计服装视觉

【任务要求】

本任务将练习用CorelDRAW制作VI系统中的服装视觉设计，包括服装、钟表、帽子、手提袋、吊牌。在制作时可以先新建文档，再导入服装图片，然后进行贴牌处理，最后根据需要绘制其他物件。通过制作，掌握CorelDRAW中绘图工具、旋转工具、阴影与透明度工具等工具的综合运用。本例制作完成后的最终效果图10-37所示（效果参见：光盘\效果文件\项目十\任务四\服装视觉设计.cdr）。

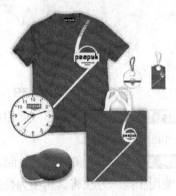

图10-37　服装视觉系统效果

【任务思路】

服装视觉设计是VI设计系统中常见的一种，在制作之前，可以直接导入服装图形进行贴牌处理，然后绘制一些帽子、吊牌等小物件，并应用设计好的标志。

【操作步骤】

STEP 1 新建一个文件，将其保存为"服装视觉系统.cdr"。

STEP 2 导入素材中的"服装.png"图像（素材参见：光盘\素材文件\任务四\服装.png），调整至合适大小，使用阴影工具创建阴影效果，通过属性栏调整阴影羽化值与阴影不透明值，效果如图10-38所示。

STEP 3 复制"企业LOGO.cdr"文件中的白色标志，缩放到适当大小，并将其放置到衣服右胸位置，在后领口处绘制黑色无轮廓矩形作为标签，如图10-39所示。

图10-38　创建阴影　　　　　　　　　　　　图10-39　绘制标签

STEP 4 复制标志中的文本，将其更改为白色，调整大小，将其放置到绘制的黑色标签上，如图10-40所示。

STEP 5 选择标志图形，按【Ctrl+U】组合键取消群组，删除标志底部的椭圆，使用形状工具调整标志的外观，效果如图10-41所示。

图10-40　添加标签文本

图10-41　调整标志图形外观

STEP 6 使用椭圆工具绘制圆，填充为白色，将轮廓色设置为"红色"，将轮廓粗细设置为"1.0mm"。

STEP 7 绘制分钟刻度矩形，取消轮廓，填充为黑色，在矩形中心点处单击，出现旋转基点，将旋转基点移动至圆中心，如图10-42所示。

STEP 8 按【Alt+F8】组合键打开"变换"泊坞窗的旋转面板，将旋转角度设置为"6°"，将副本设置为"60"，单击 应用 按钮得到变换效果。

STEP 9 绘制小时刻度矩形，取消轮廓填充为黑色，将旋转基点设置为圆中心，在"变换"泊坞窗中将旋转角度设置为"30°"，将副本设置为"12"，单击 应用 按钮得到变换效果，如图10-43所示。

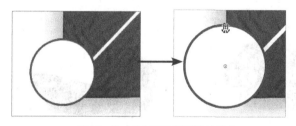

图10-42　绘制圆并设置旋转基点

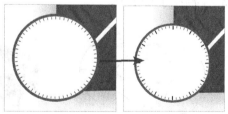

图10-43　旋转与复制图形

STEP 10 使用文本工具输入时间数字，将字体设置"Arial"，按【Ctrl+Q】组合键转曲，将字体颜色设置为深灰色"K:90"，如图10-44所示。

STEP 11 绘制时针（黑色）、分针（黑色）、秒针（红色）、螺丝图形（其中黑色为填充，红色为轮廓），组合在一起，调整叠放层次，效果如图10-45所示。

STEP 12 复制标志中间的文本与矩形，将矩形填充为红色，上面的文本设置白色，下面的文本设置黑色，将其放置到钟表上方白色区域的空白处，调整大小，再将衣服标志中的图形复制到各针中间部分，并填充为灰色，效果如图10-46所示。

图10-44 输入时间

图10-45 绘制针

图10-46 添加标志元素

STEP 13 绘制矩形作为手提袋，取消轮廓填充并填充为红色（M:95 Y:58），将衣服上编辑后的标志复制到手提袋上，调整大小，效果如图10-47所示。

STEP 14 绘制手提袋的手提绳，取消轮廓填充并填充为白色，群组手提袋，使用阴影工具创建阴影效果，通过属性栏调整阴影羽化值和不透明度值，效果如图10-48所示。

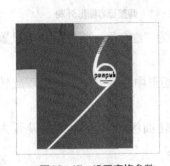

图10-47 设置表格参数

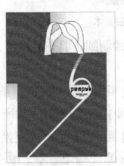

图10-48 绘制手提绳并添加阴影

STEP 15 使用钢笔工具绘制帽子图形轮廓，将其填充为红色（M:95 Y:58），将帽顶的椭圆填充为白色，取消轮廓，效果如图10-49所示，将上半部分填充为白色，将下半部分填充为黑色，如图10-50所示。

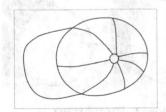

图10-49 绘制与填充帽子

图10-50 复制并填充图形

STEP 16 使用透明工具分别拖动复制白色或黑色图形，创建线性渐变透明效果，调整后的效果如图10-51所示。

STEP 17 使用矩形工具和贝塞尔工具绘制如图10-52所示的吊牌图形，将第一枚吊牌填充为白色，吊绳填充为红色，将第二枚吊牌填充为红色的渐变，取消轮廓，复制并调整标志中的图形，将其裁剪到吊牌中，分别群组吊牌图形。

STEP 18 使用阴影工具分别为其创建阴影效果，在属性栏中单击"羽化方向"按钮 ，在打开的下拉列表中选择"向中间"选项，保存文件，完成本任务的制作。

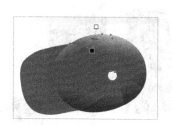

图10-51 创建渐变透明

图10-52 制作吊牌

实训一 设计花卉VI

【实训要求】

本实训要求制作花卉VI设计，其中包括封面、名片、光盘、信封等部分，制作完成后的效果如图10-53所示。

【实训思路】

根据实训要求，可先设计VI标志和花卉图样，再绘制封面、名片、光盘、信封等图形，将标志和花卉图样应用到图形中，最后制作阴影和背景。

【步骤提示】

STEP 1 新建文件，将其保存为"花卉VI设计.cdr"。

图10-53 花卉VI效果

STEP 2 使用钢笔工具、填充工具制作标志图形，取消轮廓，填充为橙色，在下方输入文本，将文本转曲，调整文本外观，制作标志图形。

STEP 3 使用钢笔工具、填充工具绘制花卉图案，取消轮廓，并将其填充为相应的颜色，绘制封面、名片、光盘、信封图形。

STEP 4 将花卉图案进行旋转裁剪到绘制的封面、名片、光盘、信封等图形中，再将标志应用到图形中。

STEP 5 分别群组各图形，使用阴影工具创建阴影，使用透明工具创建阴影，创建灰色渐变背景，完成制作后保存文件即可（最终效果参见：光盘\效果文件\项目十\实训一\花卉VI设计.cdr）。

实训二 设计包装VI

【实训要求】

本实训要求设计一套包装VI，其中包括吊牌、包装袋、包装盒、包装纸盒名片的设计，完成效果如图10-54所示。

【实训思路】

根据实训要求，可先设计VI标志，再绘制包装图形。并将标志应用到包装中，最后保存文件完成制作。

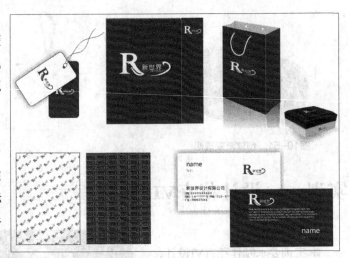

【步骤提示】

图10-54　包装VI效果

STEP 1 新建横向文件，将其保存为"包装VI设计.cdr"。

STEP 2 输入文本，将文本转曲，调整文本外观，制作标志图形，调整后合并标志图形，分别将其填充为紫色和白色。

STEP 3 使用钢笔工具、填充工具绘制并填充吊牌、包装盒、名片等图形，为其应用标志图形，使用封套工具编辑标志查看其效果。

STEP 4 在制作包装纸时可使用复制、旋转、移动、图框裁剪等操作来实现。

STEP 5 在名片上输入相应文本并设置文本属性，分别群组各图形，使用阴影工具创建阴影，使用透明工具创建倒影，完成制作（最终效果参见：光盘\效果文件\项目十\实训二\包装VI设计.cdr）。

常见疑难解析

问：使用什么软件制作标志比较好呢？

答：最好选择矢量图形绘制软件，如CorelDRAW、Illustrator等，它们生成的矢量格式文件在应用上很方便，无论对其放大或缩小都不会影响效果。

问：在设计广告宣传资料时，需要重点注意哪些呢？

答：在设计前，设计者需要了解客户的宣传意图和方式，对整个版面有大致的规划，包括色调和版式等，充分准备后，才能设计出更符合客户要求的作品。

问：VI设计具体包含哪些系统？

答：常见的包括办公用品、企业外部建筑环境、交通工具、服装服饰、广告媒体、产品包装、公务礼品、陈列展示、印刷品等。

拓展知识

标志、徽标和商标（LOGO）是现代经济的产物，承载着企业的无形资产，是企业综合信息传递的媒介。标志在企业形象宣传过程中，应用最广泛、出现频率最高，同时也是企业日常经营活动、广告宣传、文化建设、对外交流必不可少的元素。通过标志，可以看出企业强大的整体实力和完善的管理机制，具有法律性的标志还具有维护权益的特殊作用。

标志具有以下几种特性，下面对其进行简要介绍。

- **识别性**：识别性是企业标志重要功能之一。在当今的市场经济体制下，只有特点鲜明、容易辨认和记忆、含义深刻、造型优美的标志，才能在同行中凸显出来。由于标志直接关系到个人、企业乃至集团的根本利益，所以决不能雷同、混淆，以免造成误解。因此标志必须特征鲜明，具有很强的可识别性。

- **显著性**：显著性是标志又一重要特性。要想引起人们的关注，最好做到色彩强烈、醒目、图形简练清晰，并且和企业之间具有良好的融通性，让人一看到标志即可联想到该企业。

- **多样性**：标志的用途各有不同，表现方式也很多，从其应用形式、构成形式、表现手段来看都有着多样性。标志的应用形式包括平面的和立体的（如浮雕等），在设计时应根据不同的需要选择不同的应用形式。

- **艺术性**：在设计标志的时候，除了需要体现企业精神外，还需具有一定程度的艺术性，这样既符合实用要求，又符合美学原则，给人以美感。艺术性强的标志更能吸引和感染人，给人以强烈和深刻的印象。

- **准确性**：标志要说明的寓意或象征，其含义必须准确、易懂，要能符合人们认识心理和认识能力。另外，准确性也是非常重要的，尽量避免多解或误解，让人在极短时间内准确无误地领会其意义。

课后练习

（1）根据前面所学知识和你的理解，设计一本中国风的画册，页数为12页（包括封面和封底），尺寸为210mm×210mm，加上出血区域则为216mm×216mm，具体要求如下。

- 掌握画册的相关知识和设计方法。
- 新建图形文件，设置页面大小和辅助线，然后新建页面。
- 使用绘图工具和素材图形制作画册的封面和封底效果。
- 输入文本并设置文本属性，在各个页面中添加相应的装饰图形，整个页面布局大方，版式美观，完成后效果如图10-55所示（最终效果参见：光盘\效果文件\项目十\课后练习\画册.cdr）。

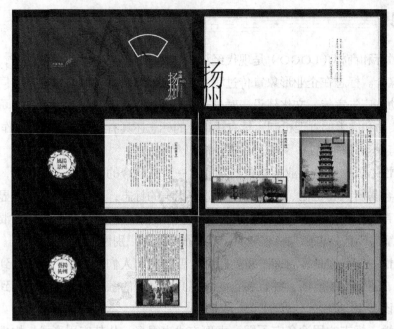

图10-55　画册效果

（2）根据前面所学知识和你的理解，应用前面的标志设计音乐海报，具体要求如下。

● 旋转三角形制作放射背景效果，为其添加辐射渐变透明效果。

● 将旋转图形和调和直线裁剪到背景中。

● 输入文本添加轮廓图与封套效果，完成后效果如图10-56所示（最终效果参见：光盘\
　效果文件\项目十\课后练习\音乐海报.cdr）。

图10-56　音乐海报效果